DER HALSWIRBELSÄULE

VON

DR. MED. ULRICH ECKLIN

MIT EINEM GELEITWORT VON

PROF. DR. G. TÖNDURY

DIREKTOR DES ANATOMISCHEN INSTITUTES
DER UNIVERSITÄT ZÜRICH

MIT 96 ABBILDUNGEN

SPRINGER-VERLAG

BERLIN · GÖTTINGEN · HEIDELBERG

1960

ISBN 978-3-642-49489-5 ISBN 978-3-642-49774-2 (eBook)
DOI 10.1007/ 978-3-642-49774-2

MEINEN LIEBEN ELTERN

UND MEINEM VEREHRTEN LEHRER

PROF. G. TÖNDURY

GEWIDMET

Geleitwort

Vor bald 20 Jahren wurde ich von einem Zürcher Röntgenologen nach der Existenz und der funktionellen Bedeutung der Uncovertebralgelenke in der Halswirbelsäule gefragt. Ich mußte damals gestehen, daß ich keine nähere Kenntnis darüber hatte. Die Konsultation deutschsprachiger Bücher ließ mich im Stich, nirgends fand ich brauchbare Angaben. Erst im Lehrbuch von TESTUT, der unerschöpflichen Quelle anatomischen Wissens, fand ich einige Bemerkungen und einen Hinweis auf das Werk des alten Anatomen H. LUSCHKA, „Die Halbgelenke des menschlichen Körpers", erschienen in Berlin im Jahre 1858. Da mir auf Grund der Mitteilungen des Röntgenologen eine genaue Kenntnis der Verhältnisse erwünscht schien, habe ich damals angefangen, systematisch Halswirbelsäulen vom Erwachsenen und vom Kinde zu sammeln und sie röntgenologisch, makroskopisch und mikroskopisch-anatomisch zu untersuchen. LUSCHKA hatte sich vornehmlich mit den Verhältnissen beim Erwachsenen beschäftigt. Nebenbei erwähnt er aber, daß er beim Neugeborenen an Stelle der Uncovertebralgelenke nur lockeres Bindegewebe fand. Diese Bemerkung veranlaßte mich, auch fetales Material in die Untersuchung einzubeziehen. 1943 konnten die ersten Befunde in der Zeitschrift für Anatomie und Entwicklungsgeschichte publiziert werden. Die Processus uncinati sind schaufelartige Erhebungen der oberen Wirbelkörperflächen; sie fehlen an der Unterfläche und sind, wie Untersuchungen an fetalen und kindlichen Halswirbeln zeigten, Teile des Wirbelbogens. Diese Fortsätze, welche LUSCHKA als „Eminentiae costariae" bezeichnet hatte, verschmelzen erst gegen das 10. Lebensjahr mit dem Wirbelkörper knöchern. Die Zwischenwirbelscheiben beschränken sich auf den Wirbelkörperbereich. Weder beim Fetus noch beim Kinde konnte eine den Beschreibungen von LUSCHKA entsprechende Bildung gefunden werden. Beim Erwachsenen kommen zwar an den von LUSCHKA beschriebenen Stellen Spalten vor; diese können aber nicht als Gelenke angesehen werden. Die mikroskopische Analyse der Halszwischenwirbelscheiben eines 9jährigen Knaben und eines etwa 20jährigen Erwachsenen ergab eindeutig, daß diese Spalten in vollständig normalen Zwischenwirbelscheiben durch Rißbildungen sekundär entstehen und die Tendenz zeigen, gegen die Bandscheibenmitte weiterzuschreiten. LUSCHKA hatte dies übersehen, weil er offenbar die entscheidenden Stadien nicht erfaßt und zudem nur makroskopisch untersucht hatte.

Seit diesen ersten Untersuchungen haben wir regelmäßig Halswirbelsäulen gesammelt, denn es schien uns außerordentlich wichtig zu sein, die Zwischenwirbelscheiben aller Lebensalter zu erfassen. An der Verarbeitung des riesigen Materials war zuerst mein früherer Assistent, Dr. J. NICK, aktiv beteiligt. U. ECKLIN hat die Arbeiten fortgesetzt und das ganze Material schließlich zusammengestellt mit dem Ziel, meine früheren Befunde nachzuprüfen, den Ursachen der Rißbildungen nachzugehen und das weitere Schicksal der seitlich gespaltenen Zwischenwirbelscheiben zu verfolgen. So ist es heute möglich, eine Arbeit vorzulegen, welche alle Altersstufen umfaßt und das, was Kliniker und Pathologe als Endresultat sehen, Schritt für Schritt zu beschreiben und mit klaren Bildern zu dokumentieren.

Die Arbeit, welche sich bewußt auf das anatomische Geschehen beschränkt, wurde vom Preisinstitut der Universität Zürich mit dem Hauptpreis bedacht. Wir danken dem Verlag und insbesondere Herrn Dr. Götze sehr herzlich für die Bereitschaft, dieselbe als selbständige Monographie herauszugeben, sowie für die Sorgfalt bei der Reproduktion der vielen Abbildungen.

Zürich, im September 1959 G. Töndury

Inhaltsverzeichnis

Einleitung

Unsere Kenntnisse über die Pathologie der Wirbelsäule sind in den letzten Jahrzehnten dank den grundlegenden Arbeiten von SCHMORL, JUNGHANNS u. a. bedeutend gefördert worden. Die Abgrenzung nosologischer Einheiten und ihre erfolgreiche therapeutische Beeinflussung haben die Bedeutung der Wirbelsäulenpathologie für die Klinik stark erhöht. Ihre Kenntnis ist Voraussetzung für zielbewußtes ärztliches Handeln bei Wirbelsäulenerkrankungen geworden.

Die Altersschäden der Wirbelsäule werden gerne der großen Gruppe der degenerativen Leiden zugerechnet. Tatsächlich ist eine scharfe Abgrenzung zwischen den beiden, besonders in fortgeschrittenen Stadien, nicht immer möglich. Grundsätzlich muß man aber die degenerativen, an die Zelle selbst gebundenen regressiven Prozesse und die Altersvorgänge, die ihren Ausgang an der Zwischenzellsubstanz nehmen, streng auseinanderhalten.

Die Altersvorgänge an der Wirbelsäule sind an sich ebensowenig pathologisch wie die involutiven Prozesse irgend eines andern Organs oder des Organismus überhaupt. In späteren Lebensjahrzehnten finden wir bei allen Individuen ohne Ausnahme Altersveränderungen der Wirbelsäule. Sie sind durch endogene Ursachen bedingt und dabei in bezug auf Schwere ihrer Ausprägung und zeitliches Auftreten starken individuellen Schwankungen unterworfen. Erst wenn sie über ein gewisses Maß hinausgehen und dabei Symptome verursachen, werden sie krankhaft und damit für den Kliniker interessant (besonders für den Internisten, Neurologen, Rheumatologen und Röntgenologen). So weit kommt es aber nur in seltenen Fällen.

Der Anatom sucht nicht nur nach solchen Endstadien. Ihn interessiert der Vorgang der Alterung an sich. Er will den Aufbau und Zustand des Organismus in jedem beliebigen Lebensalter kennen, um dann durch Synopsis aller einzelnen Stadien eine Vorstellung der „Lebenskurve" eines Organs oder Organismus (in unserem Fall der Wirbelsäule) zu gewinnen. Er wird außerdem danach trachten, in einem reichlichen Material von allem Zufälligen und individuell Besonderen zu abstrahieren, um im Feld der biologischen Streuung gewissermaßen den „Typ" der physiologischen Alterung eines Organes zu erkennen.

Wenn nötig, wird man die Lebenskurve nicht auf das postnatale Leben beschränken, sondern auf die intrauterine Periode ausdehnen. In der Anatomie findet man sich immer wieder vor die Tatsache gestellt, daß die definitive Morphologie einer Struktur erst aus ihrer Entwicklung heraus verstanden und sinnvoll interpretiert werden kann.

In der vorliegenden Arbeit soll das Organ Halswirbelsäule nach den erwähnten Grundsätzen behandelt werden. Wir werden die Lebenskurve der Halswirbelsäule vom fetalen Leben bis ins hohe Greisenalter verfolgen und in ihren mannigfachen Erscheinungen zu beschreiben versuchen.

Die Eigenheiten der Halswirbelsäule in Bau und Funktion lassen auch die Altersveränderungen nach bestimmten eigenen Gesetzen ablaufen und rechtfertigen eine besondere Betrachtung dieses Abschnittes der Wirbelsäule. Die zahlreichen engen Beziehungen der Halswirbelsäule zu umliegenden Organen, besonders vegetativen und spinalen Nerven, erklären bei Erkrankung die reichhaltige Symptomatik, welche von klinischer Seite schon mehrfach gewürdigt worden ist (GIRAUDI, EXNER, BAERTSCHI). Anatomische Beschreibungen des zugrunde liegenden Substrates fehlen hingegen.

Die Halswirbelsäule ist der kranialste Abschnitt der Wirbelsäule. Sie sitzt dem obersten Brustwirbel auf und trägt den Kopf. Entsprechend ihrer geringeren Tragleistung ist sie grazil gebaut. Die Halswirbelsäule ist im Vergleich zu andern Wirbelsäulenabschnitten stark segmentiert: Auf ihre relativ kurze Länge kommen sieben Wirbel und fünf Bandscheiben, wodurch Biegsamkeit und Beweglichkeit stark erhöht werden. Eine spezielle Ausgestaltung erfahren die obersten beiden Halswirbel: Atlas und Epistropheus. Sie sollen mit ihrer eigenen Problemstellung in der vorliegenden Arbeit außer acht gelassen werden. Eine weitere Besonderheit der Halswirbelsäule, die vermutlich mit ihrer großen Beweglichkeit in Zusammenhang steht, sind gelenkähnliche Spalten in den seitlichen Teilen der Bandscheiben, der sog. Uncovertebralregion. Diese Spalten sind vor hundert Jahren von LUSCHKA entdeckt und als Hemiarthroses laterales beschrieben worden. Die Streitfrage, ob es sich hier um echte Gelenke oder um Risse in der Bandscheibe mit einer erst sekundären Umwandlung zu gelenkähnlichen Strukturen handelt, konnte erst durch Verfolgung der fetalen und frühkindlichen Entwicklung entschieden werden (RATHCKE, TÖNDURY). Wir werden uns in dieser Arbeit besonders mit diesen Spalten befassen. Hingegen sollen Fragen nach der Bedeutung anamnestischer Gegebenheiten als auslösender Faktoren wie Beruf, Unfälle usw. sowie klinische Erscheinungen außer acht gelassen werden. Die Beantwortung dieser Fragen sei der Klinik vorbehalten.

Eine Brücke zu bereits bestehenden klinischen Arbeiten wird durch die Röntgenbilder geschlagen. Dem Kliniker und Röntgenologen ist ja die Wirbelsäule zur Untersuchung nur indirekt zugänglich. Und häufig beruhen deren Vorstellungen pathologischer Prozesse nur auf dem röntgenologisch Sichtbaren. Ihnen soll ermöglicht werden, ein plastisches Bild der tatsächlichen anatomischen Veränderungen zu gewinnen.

Material und Methode

Zu unseren Untersuchungen standen uns insgesamt 140 Halswirbelsäulen zur Verfügung, die vom Zwanzigjährigen an bis ins hohe Greisenalter alle Altersklassen umfassen und, mit Ausnahme einiger Präparate von Jugendlichen, aus dem Präpariersaal des Anatomischen Institutes der Universität Zürich stammen.

Von den isolierten Halswirbelsäulen wurden zuerst Röntgenaufnahmen in den üblichen drei Richtungen, a.p, seitlich und schräg, angefertigt. Sodann erfolgte die Entkalkung in 5%iger Salpetersäure; anschließend wurden die Wirbelsäulen zur Verhütung der Quellung kurzfristig in Glaubersalzlösung (Na_2SO_4) gelegt.

Um die wichtigsten Verhältnisse der Uncovertebralgegend gut sichtbar zu machen, wurden alle Präparate frontal geschnitten. Interessant erscheinende Stellen wurden herausgeschnitten, in Celloidin eingebettet und in etwa 30 μ dicke Mikrotomschnitte zerlegt. Gefärbt wurde mit Azan.

Die fetale Entwicklung der Wirbelsäule

Der Grundsatz, daß erst die Kenntnis der Entwicklung eines Organs das volle Verständnis für seinen Bau, seine Funktion und eventuell auch für seine Erkrankungen schafft, gilt in hohem Maße auch für die Wirbelsäule und hier besonders für die Zwischenwirbelscheiben. Nur die Verfolgung der Entwicklungsvorgänge erklärt uns gewisse Eigentümlichkeiten im Bau und läßt uns scheinbar unzusammenhängende und zufällige Befunde in sinnvollem Lichte erscheinen.

In den letzten Jahren sind aus dem anatomischen Institut der Universität Zürich zahlreiche Arbeiten hervorgegangen, die sich mit entwicklungsphysiologischen Problemen der Wirbelsäule befassen. Ich halte mich im folgenden streng an die Züricher Schule und verweise in diesem Zusammenhang besonders auf die zusammenfassende Darstellung von TÖNDURY (1958).

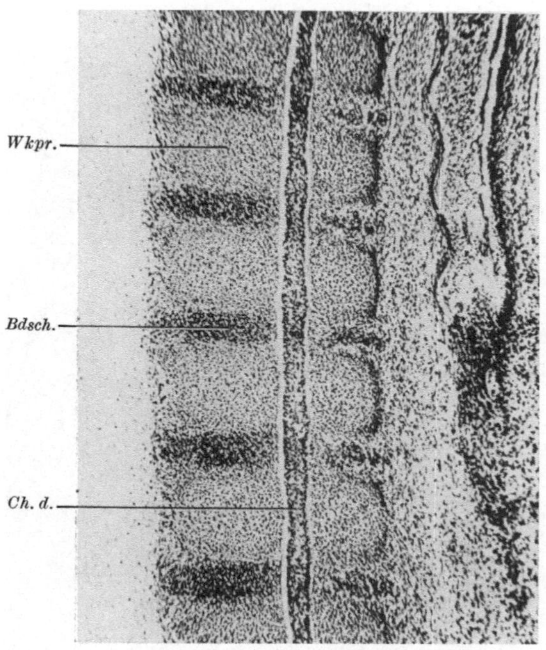

Abb. 1. Sagittalschnitt durch die Wirbelsäule eines menschlichen Keimlings von 12 mm SSL. Mesenchymales Stadium: Lockere Wirbelkörper- (*Wkpr*), dichtere Bandscheibenanlagen (*Bdsch*). Die Chorda dorsalis (*Ch.d.*) zieht in gleichmäßiger Dicke durch

Unsere Beschreibung nimmt ihren Ausgang vom Verhalten der Wirbelsäule bei einem menschlichen Embryo von 12 mm SSL (Abb. 1), bei welchem eine bereits fertig gegliederte, aber noch rein mesenchymale Wirbelsäule zu finden ist. Deutlich lassen sich schmälere, aber zellreiche dunkle Zonen — die späteren Zwischenwirbelscheiben — von den breiteren, zellärmeren Wirbelkörperanlagen abgrenzen. Die Chorda besteht aus gut turgeszierten Zellen, die geldrollenartig aneinandergelegt sind und durch eine straffe Scheide zusammengehalten werden. Sie durchzieht die ganze mesenchymale Wirbelsäulenanlage als gleichmäßig dicker Strang und ist für Streckung und Biegsamkeit des Embryonalkörpers in diesem Stadium allein verantwortlich.

Das Bild ändert sich mit Beginn der Verknorpelung. Bei Keimlingen von 30—40 mm SSL sind in den Wirbelkörpern zentral gelegene Knorpelkerne zu sehen (Abb. 2), die aus blasigen Zellen aufgebaut sind. Unter dem Wachstumsdruck der sich konzentrisch vergrößernden Kerne werden die Chordazellen in die Bandscheiben abgedrängt, wo sie sich ansammeln und die sog. „Chordasegmente“ bilden. Im Wirbelkörper bleibt nur die zellfreie, gequollene Chordascheide zurück, die erst später aufgelöst wird und verschwindet.

In diesem Stadium bildet die Kette der aneinandergereihten Chordasegmente und Knorpelkerne, die dank ihres Turgors wie druckelastische Polster wirken, das Längsverspannungssystem des Embryonalkörpers.

Bei dem im folgenden beschriebenen Foetus von 70 mm SSL (Abb. 3) ist die endgültige Struktur der Bandscheibe in den Grundzügen schon festgelegt. Es wird später nichts prinzipiell Neues mehr hinzukommen. Wir werden lediglich die Ausbauvorgänge der in diesem Alter in der Anlage erkennbaren Strukturen und ihre Anpassung an spätere Belastungen verfolgen können.

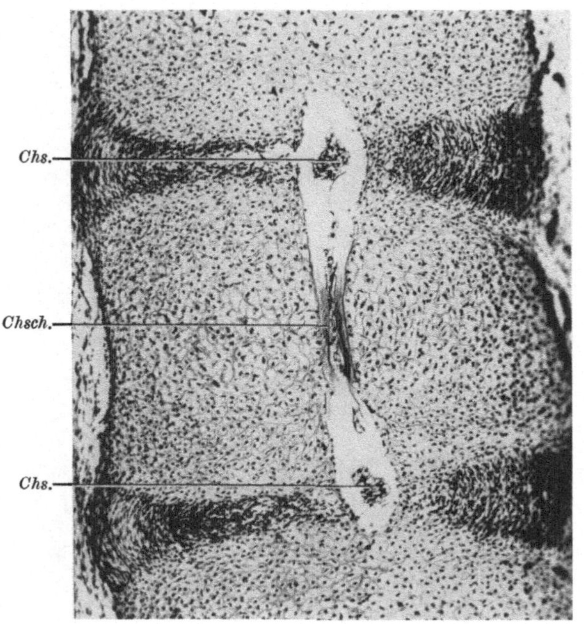

Abb. 2. Schnitt durch die Wirbelsäule eines 30 mm langen menschlichen Keimlings. Chordazellen durch Druck der zentralen Knorpelkerne in die Bandscheibenanlagen abgedrängt. Dort bilden sie das Chordasegment (*Chs*). Im Innern des Wirbelkörpers die gequollene Chordascheide (*Chsch*)

In diesem 70 mm-Stadium lassen sich in den Zwischenwirbelscheiben die Anlage des Faserrings und das Chordasegment unterscheiden: Das Chordasegment besitzt rundliche Form, zeigt aber — als Spuren seiner Herkunft — noch deutlich nach den Wirbelkörpern zu gerichtete, zipfelförmige Ausziehungen. Die Chordascheide fehlt in der Intervertebralportion. Die großen blasigen Zellen bilden einen lockeren Verband, dessen Lücken sich mit Schleim füllen. Das Chordasegment wird von der Innenzone der Bandscheibe umschlossen; diese verbindet als zellreicher, hyalinknorpeliger, auf dem Schnitt zapfenartiger Ring die beiden Wirbelkörper miteinander und grenzt sich mit scharfer Kontur gegen das Chordasegment ab. Weiter peripher schließt sich die sog. Außenzone der Bandscheibe an, in welcher die in regelmäßigen Bogen angeordneten Kerne der Fibroblasten und die ersten Fasern der Anlage des Anulus fibrosus zu erkennen sind.

Die Zwischenwirbelscheibe stellt also nie eine einheitliche hyaline Knorpelscheibe dar (wie ja auch die Wirbelsäule in ihrer Gesamtheit nie nur ein einfacher flexibler Knorpelstab ist), sondern zeigt lange vor einer wirklichen Belastung schon eine „betriebsfunktionelle" Struktur. Diese Beobachtung widerlegt die Anschauung Uebermuths (1929), der eine einheitliche, hyalinknorpelige Zwischenwirbelscheibe bis weit über die Geburt hinaus annimmt, und erst beim Kind von etwa sechs Monaten (Sitzalter), und besonders im Gehalter, Fasern auftreten sieht, die er als altersbedingte, regressive Erscheinung deutet.

Bei der betriebsfunktionellen Gestaltung, die wir bei Embryonen von 70 mm SSL in der Gliederung der Bandscheibe in Gallertkern- und Faserringanlage erkannt haben, spielt das zum Gallertkern sich entwickelnde Chordasegment eine entscheidende Rolle: Das wachsende Chordasegment übt infolge seiner Sprengkraft einen Zug auf das umliegende Bandscheibengewebe aus. Unter der Wirkung dieser Kräfte, unterstützt durch den Muskelzug, ordnen sich die Fibroblasten schon im 70 mm-Stadium (Abb. 3) in Reihen an und beginnen sich die ersten Fasern zu differenzieren, wie wir das oben beschrieben haben.

Dieser formative Einfluß auf das Gewebe der Intervertebralportion kann aber nur von einem vollentwickelten, gut turgeszierten Chordasegment ausgehen. Wenn dieses rudimentär ist oder fehlt, so entwickelt sich der Faserring nur kümmerlich oder überhaupt nicht.

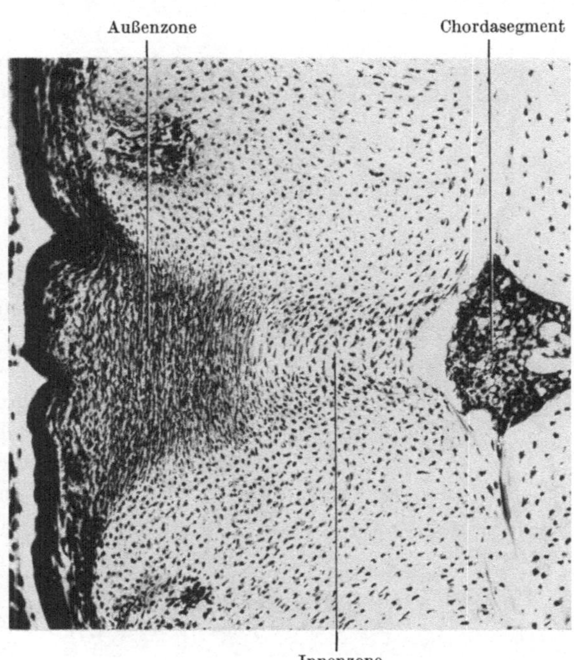

Abb. 3. Schnitt durch die Bandscheibe bei einem Embryo von 70 mm SSL. Eine faserige Außenzone und hyalinknorpelige Innenzone, sowie das Chordasegment lassen sich deutlich voneinander abgrenzen

Diese Zusammenhänge hat Theiler auf Grund von Untersuchungen an Mäusekeimlingen zeigen können, die mit einer erbbedingten Störung in der Entwicklung des Achsenskelettes behaftet waren. Es handelt sich um die Auswirkung des dominanten Faktors „Short-Danforth" (Sd). Die Entwicklung dieser Mäuseembryonen verläuft bis zum neunten oder zehnten Tag vollkommen normal. Die Chorda wird angelegt und auch die Wirbelsäulenblasteme zeigen normale Gliederung. Die Störung wird eingeleitet mit der plötzlichen Rückbildung der Chorda dorsalis und tritt in einem Stadium auf, in dem sich die Wirbelkörperverknorpelung angebahnt hat. Die Chorda verschwindet stellenweise vollkommen, stellenweise bleibt sie, wenn auch rudimentär, erhalten. Am schönsten sind die Folgeerscheinungen der Rückbildung der Chorda an Wirbelsäulen von neugeborenen Sd-Mäusen zu sehen. In Abschnitten, welche die Chorda vollkommen verloren haben, fehlt jegliche Bandscheibenstruktur. Die Wirbelkörper, in welchen die erste Andeutung von Kalkknorpelkernen zu erkennen ist, gehen ohne Unterbruch ineinander über. Die Bandscheibenregion ist einzig daran zu erkennen, daß der Knorpel kleinzelliger ist als in den Wirbelkörpern. Überall dort, wo Reste der Chorda erhalten geblieben sind und kleine Chordasegmente entstehen konnten, findet man die Ausbildung von faserigem Gewebe, welches um so vollkommener ist, je größer das Chordasegment ist.

Aus dieser Beobachtung und den Befunden an menschlichen Keimlingen des entscheidenden Stadiums kann geschlossen werden, daß *nur dort typisch gebaute*

Bandscheiben entstehen, wo es zu einer normalen Gliederung der Chorda dorsalis und zur Bildung vollständiger Chordasegmente gekommen ist (TÖNDURY 1958).

Menschliche Keimlinge von 70 mm SSL besitzen Bandscheiben, die in bezug auf Gliederung und Struktur schon weitgehend die Verhältnisse zeigen, die für das Neugeborene charakteristisch sind. Bis zur Geburt kommt es zu einer zunehmenden Kräftigung der Strukturen und zu immer besserer Anpassung an die zukünftigen Belastungsverhältnisse: Der Faserreichtum in den äußeren Lamellen nimmt zu, die einzelnen Fasern werden dicker und verlaufen innerhalb einer Lamelle — streng parallel geordnet — in einer Schraubenlinie von Wirbelkörper zu Wirbelkörper, wo sie sich im Knorpel verankern. In Nachbarlamellen haben die Fasern gegensinnig-spiraligen Verlauf.

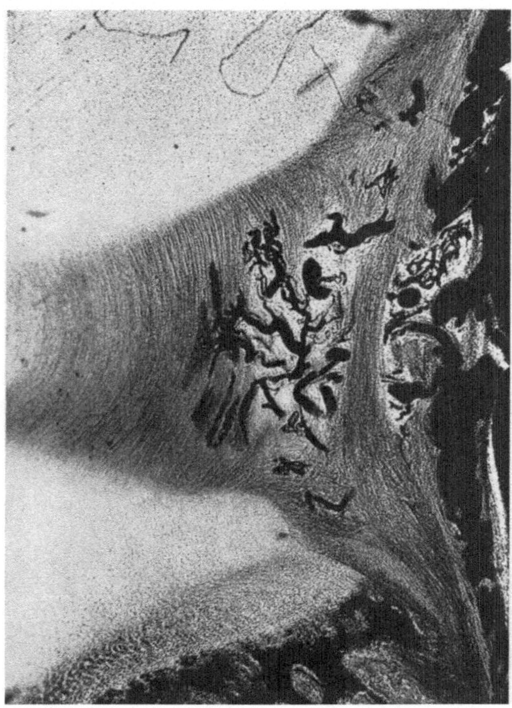

Abb. 4. Vertikalschnitt durch Bandscheibe beim Neugeborenen. Von dorsolateral dringen Gefäße ein, die sich arkadenartig zwischen den Lamellen ausbreiten. Die Auflockerung und Lückenbildung in den Lamellen sind deutlich zu erkennen

Der hyaline Knorpel der Innenzone wandelt sich in seinen äußeren Anteilen in Faserknorpel um; dieser läßt sich dank seines größeren Reichtums an Grundsubstanz und Kernen vom Anulus fibrosus abgrenzen. Die faserknorpelige Innenzone umgibt den wachsenden Gallertkern im Innern mit konzentrischen Schalen. Der Gallertkern vergrößert sich auf Kosten der Innenzone, indem er deren innerste, verschleimende Anteile in sich aufnimmt. Dabei verliert er die trichterförmigen Ausziehungen nach den Wirbelkörpern, die wir noch beim Chordasegment gefunden haben und nimmt mehr und mehr Linsenform an. Damit nähert sich die Bandscheibe dem fertigen Zustand, wie er erst nach der Geburt erreicht wird.

Während der Phase des stärksten Ausbaues treten in den Bandscheiben Blutgefäße auf, die für eine direkte Stoffzufuhr der rasch wachsenden Gewebe besorgt sind. Wir finden sie zum ersten Male bei Keimlingen von 70 mm SSL. Die Abb. 4 und 4a zeigen sie in voller Ausbildung bei einem Neugeborenen. Sie durchbrechen von dorsolateral, aus dem Gebiet der Foramina intervertebralia herkommend, die äußeren Schichten des Faserringes und breiten sich arkadenartig zwischen den Lamellen aus. Niemals überschreiten sie die Grenze zur Innenzone und sind vollkommen unabhängig von den Wirbelkörpergefäßen (LARCHER). Sie durchbrechen die Lamellen rücksichtslos, so daß diese in ihrem Gefüge aufgelockert werden. Über das Verhalten dieser Gefäße nach der Geburt und über ihre Rückbildung werden wir auf S. 13 berichten.

Ungefähr gleichzeitig mit dem Auftreten der Bandscheibengefäße, aber völlig unabhängig von diesen, wachsen Gefäße in die knorpeligen Wirbelkörper ein und leiten eine neue Phase der Wirbelsäulenentwicklung ein. Es handelt sich um den Beginn der Verknöcherungsvorgänge, die mit dem Auftreten von unpaaren, zentralen Kalkknorpelherden in den Wirbelkörpern der unteren Brustregion eingeleitet werden. Später werden die eingebuchteten, dorsalen Wirbelkörperflächen von Gefäßen durchbrochen (dorsale Gefäßbucht), die, gemeinsam mit kleineren, von ventral eindringenden Gefäßen, im Innern den zentralen Kalkknorpelkern erreichen, auflösen und primäre Spongiosa sowie den primären Markraum bilden (Schinz und Töndury).

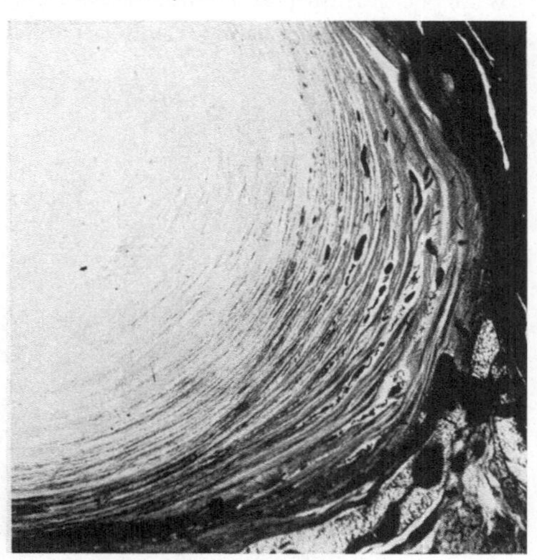

Abb. 4a. Horizontalschnitt durch Bandscheibe beim Neugeborenen. Ähnlich wie beim Vertikalschnitt erkennt man auch hier die von dorsolateral eindringenden Gefäße, die sich zwischen den Lamellen der Außenzone ausbreiten

Gelegentlich nehmen die Knochenkerne in den Wirbelkörpern bizarre Formen an. Auf dem Röntgenbild kann das Vorhandensein mehrerer Verknöcherungsherde vorgetäuscht werden. Aus diesem Grunde genügt das Röntgenbild zur Beurteilung der Verknöcherung in den Wirbelkörpern nicht. Nur lückenlose Schnittserien und Wachsplattenmodelle können das wirkliche Verhalten klären.

Auch die Verknöcherung der Wirbelbogen samt ihren Fortsätzen beginnt mit dem Auftreten eines Kalkknorpelherdes; dieser liegt aber, im Gegensatz zu den Herden in den Wirbelkörpern, exzentrisch. Bei Feten von 50—70 mm SSL findet man in der interartikulären Portion des Wirbelbogens, nahe der Innenseite gelegen, die ersten Anzeichen der in Gang gekommenen Ossifikation (Larcher, Schiedt). Die Kalkknorpelherde erreichen sehr bald die innere Oberfläche des Bogens, das Perichondrium reagiert mit der Heraussonderung von Osteoblasten, welche eine Knochenschale abzulagern beginnen, die schließlich den Bogen manschettenartig umgreift. Der Prozeß verläuft im weiteren nach dem Schema der Diaphysenverknöcherung und greift auf die Quer- und vor allem auch auf die Gelenkfortsätze über. Bei der Geburt ist das dorsale Verbindungsstück zwischen den beiden Bogenhälften samt Dornfortsatz noch knorpelig, die Querfortsätze sind noch nicht völlig, die Gelenkfortsätze bis auf die Gelenkflächen verknöchert. Die Bogenwurzeln sind durch die sog. „Zwischenknorpel“ (= echte Wirbelbogenepiphyse) noch vom Wirbelkörper getrennt und an der Bildung der dorsolateralen Teile der Wirbelkörper mitbeteiligt. Wirbelkörper- und Wirbelbogenkerne verschmelzen erst im dritten bis sechsten Jahr.

Noch ein Wort zu den Wirbelbogengelenken. Beim Erwachsenen findet man im Hals- und Lendenbereich Gelenkeinschlüsse, die nach Töndury (1940) als weiche, fett- und gefäßreiche Gebilde ähnlich einer Synovialfalte in den Gelenkspalt hineinragen. Es handelt sich um Einschlüsse, die ursprünglich in allen

Abschnitten der Wirbelsäule zu finden sind und zu den primären Baubestandteilen dieser Gelenke gehören. Als primäre, meniscusartige Bildungen gehen sie aus dem mesenchymalen Gelenkblastem hervor.

Die Entwicklung der Zwischenwirbelkanäle wurde von LANDOLT (1947) untersucht. Sie sind im knorpeligen Stadium relativ eng und werden hinten von den Gelenkfortsätzen, oben und unten von den Incisurae vertebrales superior bzw. inferior und vorn von Wirbelkörper und Bandscheibe begrenzt. Die im Knorpelstadium (bis 70 mm SSL) auffallend großen Spinalganglien liegen zentral und sind in Mesenchym zwischen großen, polsternden Gefäßen eingebettet. Mit dem

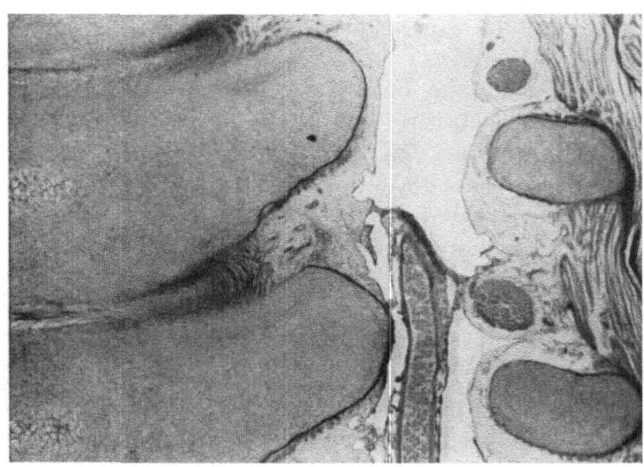

Abb. 5. Frontalschnitt durch die seitlichen Bandscheibenanteile der Halswirbelsäule eines Fetus von 12 cm SSL. Beachte die breiten, seitlichen Ausladungen der Wirbelkörper, welche die Anlagen der Processus uncinati darstellen. Anschließend an die scharf begrenzten Anlagen der Faserlamellen folgt lockeres Bindegewebe, in welchem ein Anschnitt durch die A. vertebralis zu sehen ist

Auftreten der perichondralen Wirbelbogenmanschette erhält auch der Zwischenwirbelkanal seine knöcherne Umrandung. In der Folge kommt es zu einer Ausweitung des Kanals, wobei die Wirkung des Ascensus medullae in der exzentrischen Lage der Ganglien — besonders in Brust- und Lendenregion — zum Ausdruck kommt. Das Mesenchym differenziert sich dann zu Fett- und Fasergewebe und fixiert die Hüllen der Spinalnerven an das Periost der Wirbelbogen.

Die fetale Entwicklung der Halswirbelsäule entspricht in den wesentlichen Zügen den beschriebenen Grundsätzen. Einige bauliche Besonderheiten der fertigen Halswirbelsäule, die schon intrauterin angelegt sind, sollen in diesem Zusammenhang kurz dargestellt werden.

Auf Abb. 5 sind die seitlichen Anteile eines Frontalschnittes durch die Halswirbelsäule eines Fetus von 12 cm SSL zu sehen. Die hyalinknorpeligen Wirbelkörper sind durch die bogenförmig verlaufenden Lamellen der Bandscheibe miteinander verbunden und besitzen seitliche Ausladungen, die ihrerseits durch lockeres Bindegewebe, das mit dem Füllmaterial der Foramina intervertebralia in Verbindung steht, nur lose zusammenhängen. Es handelt sich um die Anlagen der Processus uncinati, denen wir als schaufelartigen, seitlichen Erhebungen der Wirbelkörper beim Erwachsenen wieder begegnen werden.

Die Querfortsätze entstehen durch Verschmelzung des eigentlichen Querfortsatzes mit einem Rippenrudiment und müssen deshalb als Processus costotransversarii bezeichnet werden. Ihre Blasteme „umfließen“ die A. vertebralis und die sie begleitenden Venen; so entstehen die Foramina costotransversaria, die sich zu einem unterbrochenen Kanal zusammenfügen, in welchem die Arterie längs den Wirbelkörpern emporsteigt.

Die Entwicklung der Wirbelsäule nach der Geburt bis zum Abschluß des Wachstums

Wie bereits auf S. 7 ausgeführt wurde, treten die ersten zentralen Kalkknorpelkerne in den unteren Brustwirbelkörpern auf; von diesen nimmt auch der Verknöcherungsprozeß seinen Ausgang. Bis zur Geburt erreichen die Knochenkerne ansehnliche Größe und verdrängen den Knorpel bis auf die beiden Knorpelplatten, welche als craniale und caudale Endflächen Wirbelkörper- und Bandscheibenbereich trennen. An die dorsale und ventrale Oberfläche der Wirbelkörper wird bereits frühfetal eine dünne Schale perichondralen Knochens abgelagert. Die der Wirbelkörperspongiosa zugewandten Teile der knorpeligen Wirbelendflächen, welche SCHMORL als Deckplatten bezeichnet, besitzen den Bau typischer Wachstumszonen. An der Peripherie erfahren sie eine stufenförmige Verdickung, die als knorpelige Randleiste die untere und obere Endfläche umläuft. Bei Kindern im Alter von etwa zehn Jahren treten in diesen Leisten einzelne Verknöcherungsherde auf, die nach und nach einen geschlossenen Ring bilden, der nach Abschluß des Wachstums mit dem Wirbelkörper verschmilzt. In diese nunmehr knöcherne Randleiste strahlen die Fasern der Lamellen der Außenzone des Anulus fibrosus als Sharpeysche Fasern ein, weshalb dieser Teil des Faserringes auch als „Randleistenanulus“ bezeichnet wird. Die knöcherne Randleiste umgibt als erhabener Wall die knorpeligen Deckplatten, die als Pufferschicht nurmehr die zentralen Teile einnehmen.

Obschon die knorpeligen Deckplatten genetisch zum Wirbelkörper gehören, lassen sie sich funktionell nicht von den Bandscheiben trennen. Sie schützen Wirbelkörper und Bandscheibe vor gegenseitigen Übergriffen. SCHMORL bezeichnete sie deshalb auch als wichtige Schutzschicht, zählte sie aber neben Faserring und Gallertkern irrtümlicherweise mit zur Bandscheibe. Auf Grund dieser Auffassung wurden neben den allein maßgebenden, vom Intervertebralkanal her eindringenden Bandscheibengefäßen noch andere sog. „Bandscheiben-Gefäße“ angegeben: So beschreibt BOEHMIG (1930) zwei ventrale, zwei axiale und zwei dorsale vom Wirbelkörper in die Bandscheibe eindringende Gefäße, die bis zum Abschluß des Wachstums (etwa 25. Jahr) für den Ausbau sämtlicher Bestandteile der Bandscheibe verantwortlich sein sollen. In Abb. 6 ist ein solches axiales „Bandscheiben-Gefäß“ zu sehen, das aus der Wirbelkörper-Spongiosa in die Knorpelplatte eindringt. In seiner Umgebung ist die Struktur des Knorpels unregelmäßig. Auch UEBERMUTH beschreibt ähnliche Gefäße, die aber nicht axial eindringen, sondern an der ganzen äußeren Zirkumferenz der Knorpelplatte „Gefäßarkaden“ bilden und deshalb auch als „Randgefäße“ bezeichnet werden. UEBERMUTH gibt aber ausdrücklich an, daß diese Gefäße innerhalb der Knorpelplatte liegen, eine Feststellung, die sich leicht erklären läßt: Bei jedem enchondralen Ossifikationsprozeß wachsen Gefäße in die präparatorische Verkalkungszone des umgebenden Knorpels ein. Ebenso dringen solche aus dem Knochenkern des Wirbelkörpers in die Knorpeldeckplatte. Die Randgefäße erreichen die Knorpelplatte direkt aus dem Perichondrium. Knorpelplattengefäße sind also Wirbelkörpergefäße und haben mit Bandscheibengefäßen nichts zu tun, sondern sind völlig von diesen getrennt (LARCHER). Sie verschwinden nach Beendigung der enchondralen Ossifikation, also etwa im 20.—24. Altersjahr, und hinterlassen Narben, die als „Degenerationsfelder" in

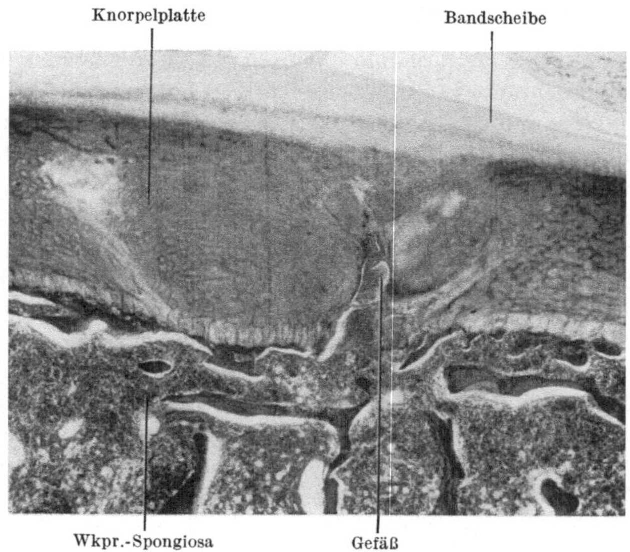

Abb. 6. Knorpelplatte bei einem 9jährigen. Aus der Wirbelkörperspongiosa dringt ein Gefäß in die Knorpelplatte ein. In seiner Umgebung ist der Knorpel unregelmäßig strukturiert. Auch die Aufhellung in der Grundsubstanz links ist vermutlich durch ein Knorpelplattengefäß bedingt

typischer Lokalisation innerhalb der Knorpelplatten zu finden sind. Je nach Raschheit der Gefäßrückbildung sollen entweder Knorpelzerfalls- oder -wucherungsherde entstehen (BOEHMIG), die vermutlich einen „Locus minoris resistentiae" bilden, denn gelegentlich lassen sich an diesen Stellen Deckplatteneinbrüche finden. Solche Knorpeldegenerationsherde, wie sie nach BOEHMIG nur in Abhängigkeit von Gefäßen entstehen, zeigt die Abb. 7: Blasige Auftreibungen in der zellarmen Grundsubstanz sowie Detritusansammlungen lassen ihn deutlich von der Umgebung abgrenzen. Auch der ehemalige Chordakanal kann an seiner Durchtrittsstelle durch die Knorpelplatte eine Spur hinterlassen. Auf Abb. 8 erkennt man einen hellen, quer durch die Knorpelplatte laufenden Streifen, der sich bandscheibenwärts trichterförmig erweitert. Der Knorpel zeichnet sich an dieser Stelle durch Kernarmut und unregelmäßig streifige Struktur der Grundsubstanz aus. Schmorlsche Knötchen sitzen häufig an dieser Stelle.

In diesem Zusammenhang sollen die sog. „Ossifikationslücken" (SCHMORL) erwähnt werden. Es handelt sich dabei um „querschollige Zerfallsherde" innerhalb der Proliferationszone des wachsenden Knorpels (Abb. 9), die, in großer Zahl vorhanden, das normale Wachstum stören und die Tragfähigkeit des Bewegungssegmentes in Frage stellen können. Bei Morbus *Scheuermann* sind sie in großer Zahl gefunden worden.

Schon bei Jugendlichen können am Ende des Wachstums Kalksalze in die Knorpelplatten eingelagert werden, die dadurch spröde und brüchig werden.

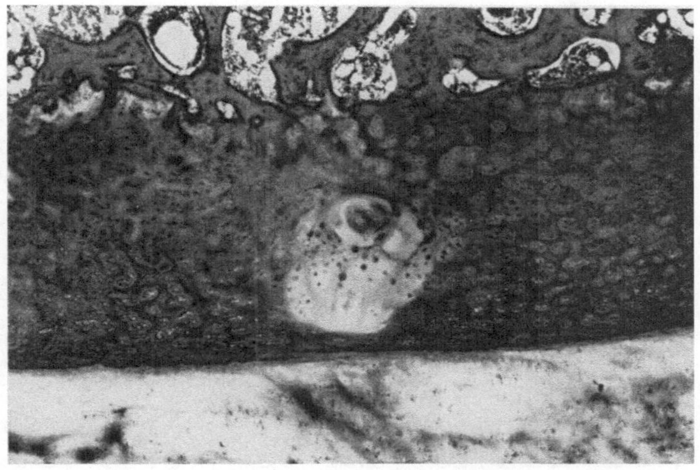

Abb. 7. Knorpeldegenerationsherde in den Knorpelendplatten eines 20jährigen. Cystische Aufhellungen in der Grundsubstanz, nekrobiotische Knorpelzellen. Nekrotische Herde und Detritusansammlungen

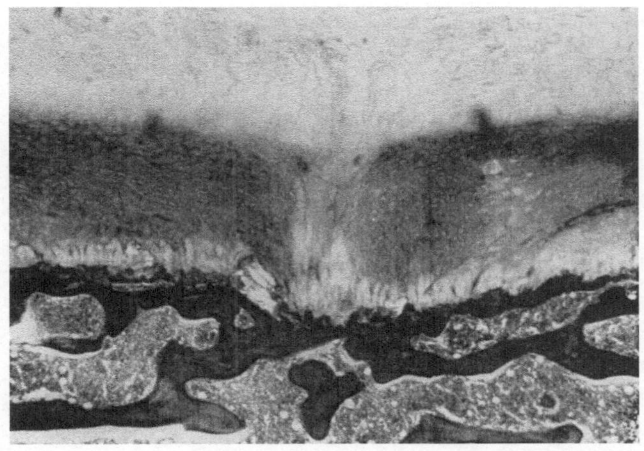

Abb. 8. Chordatrichter beim 9jährigen. Ein Band von kernarmem, unregelmäßig strukturiertem Knorpel zieht quer durch die Knorpeldeckplatte. Trichterförmige Erweiterung nach der Bandscheibenseite

Auf Abb. 10 ist ein Ausschnitt aus einer verkalkten Knorpelplatte reproduziert, welche zwei sternförmige Risse aufweist, die vielleicht eine Prädisposition für später auftretende Durchbrüche der Knorpelplatte schaffen. Eine intakte Knorpelplatte ist aber für die Wahrung der Integrität der Bandscheibe von entscheidender Bedeutung. Wir werden später darauf eingehen.

Eine weitere Beobachtung, die nur an verkalkten Knorpelplatten gemacht werden konnte, zeigen die Abb. 11 und 12. Wir können hier Entstehung und Ausbreitung eines „intrakartilaginären Osteophyten“ verfolgen. An Hand einer

Serie „örtlich“ aufeinander folgender Schnitte an der gleichen Bandscheibe erhalten wir ein anschauliches Bild von der Entwicklung eines „zeitlich“ über eine gewisse Spanne sich erstreckenden Prozesses: Auf Abb. 11 ist das Eindringen

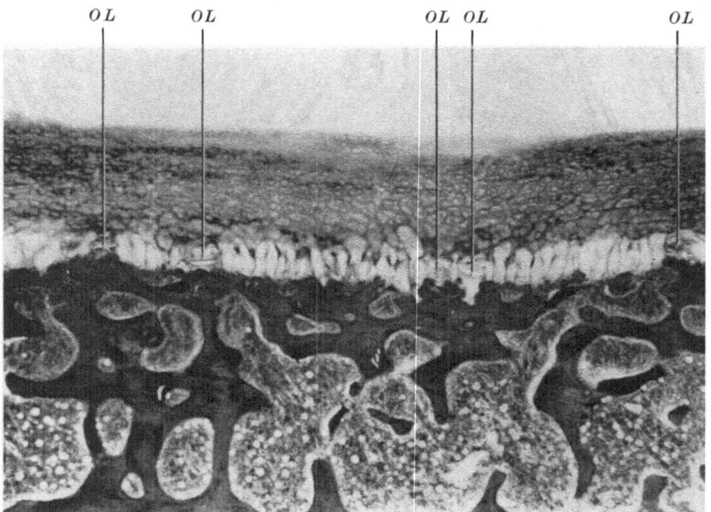

Abb. 9. Ossifikationslücken bei einem 24jährigen (*OL*). Man erkennt rundliche, etwa tonnenförmige Gebilde, die die ganze Dicke der Knorpelzellsäulen durchsetzen, und im Innern leitersprossenartige, querliegende Schollen enthalten. Von Zellkernen fehlt jede Spur

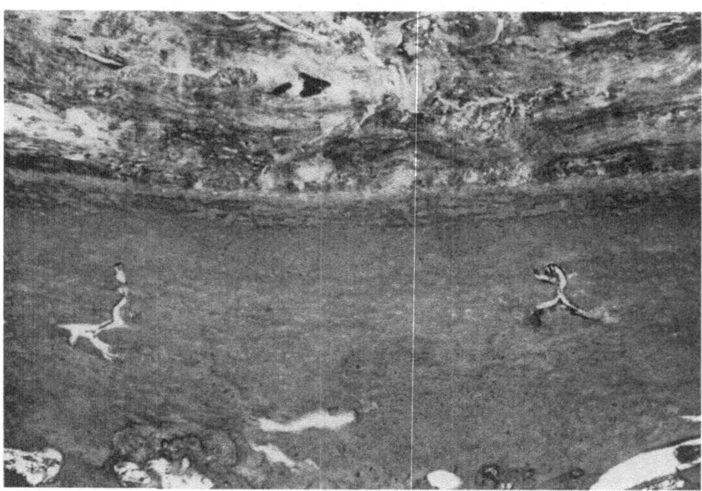

Abb. 10. Sternförmige Einrisse in der verkalkten Knorpelplatte (20jähriger Mann)

von Spongiosa in die verkalkte Knorpelplatte zu sehen; die Spongiosa breitet sich in einer gewissen Tiefe nach allen Seiten aus (Abb. 12). Von den Markräumen des Wirbelkörpers aus wird die verkalkte Knorpelplatte durch Gefäßbindegewebe angenagt, die Hohlräume von Spongiosa ausgekleidet, die bald ein Balkenwerk bildet, in dessen Maschen ein lockeres zellarmes Mark enthalten ist. Durch den sich vergrößernden Osteophyten — unterstützt durch das Wachstum der unter ihm liegenden Säulenknorpelschicht — wird die ehemalige knöcherne

Sieb- oder Basalplatte eingedellt und in die Tiefe gedrängt. Dort kann sie als parallel zur Wirbelendfläche liegender Querstreifen u. U. röntgenologisch sichtbar werden. Solche intrakartilaginäre Osteophyten werden bei degenerativen Gelenkleiden — z. B. der Coxarthrose — beschrieben.

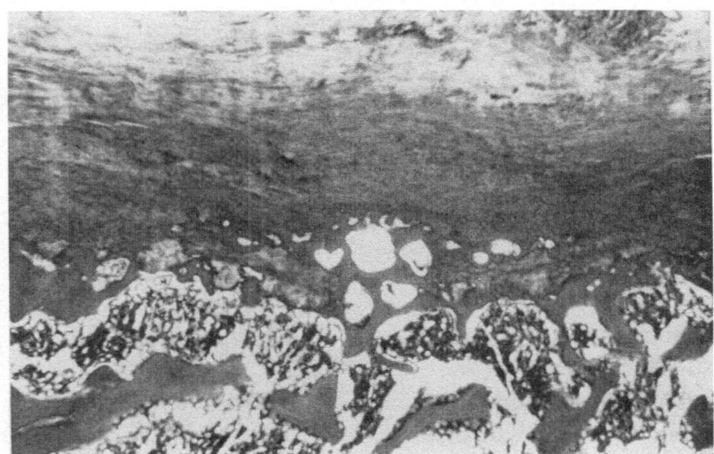

Abb. 11. Einwachsen und beginnende Ausbreitung eines „intrakartilaginären Osteophyten". Man erkennt die markarmen Spongiosaräume, die in die Knorpelplatte eingedrungen sind

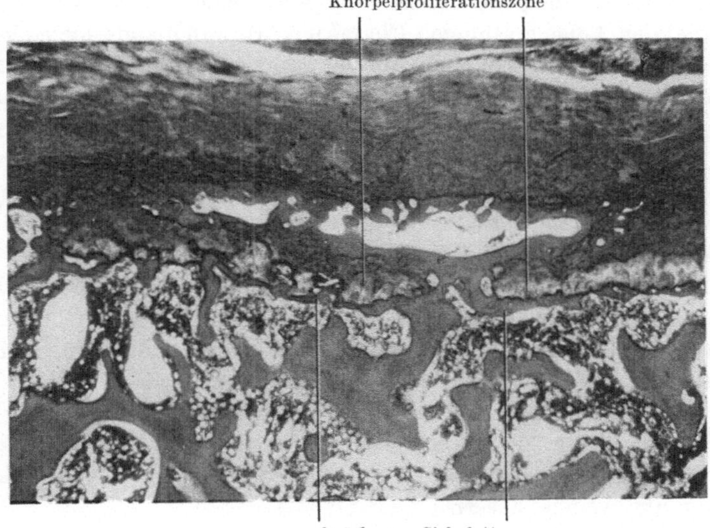

Abb. 12. Der Osteophyt hat sich innerhalb der Knorpelplatte weithin ausgebreitet. Man erkennt die Knorpelproliferationszone, die eingedellt ist, und zu einer Tieflagerung der knöchernen Siebplatte geführt hat (20jähriger Mann)

Bandscheibengefäße werden erstmals bei Embryonen von 70 mm SSL angetroffen; sie vermehren sich während der Phase des intensivsten Ausbaues der Bandscheiben und erreichen ihre maximale Ausbildung etwa im zweiten Lebensjahr, um sich dann rasch zurückzubilden. Beim Vierjährigen sind sie bis auf wenige periphere Reste bereits vollständig verschwunden. Man darf annehmen, daß beim Schwund der Gefäße, welche die Lamellen auseinanderdrängen und stellenweise durchbrechen, Lücken zurückbleiben; diese vernarben und schaffen möglicherweise einen Locus minoris resistentiae, welcher der Entstehung von Bandscheiben-Hernien und -Prolapsen Vorschub leisten könnte. Tatsächlich sind die dorso-lateralen Partien Prädilektionsorte für Discusprotrusionen.

Vom vierten Lebensjahr an sind also die Bandscheiben gefäßlos, was eine wesentliche Verschlechterung der Stoffzufuhr bedeutet, die nur noch indirekt durch Diffusion möglich ist. Das hochdifferenzierte Bandscheibengewebe gehört also zu den bradytrophen Geweben. Bei starker mechanischer Beanspruchung wird der Stoffersatz ungenügend, und es kommt unweigerlich zu Abnützungserscheinungen, die wir als „Alterung" bezeichnen. Man kann also sagen, daß das Schwinden der Gefäße den ersten Schritt zur Alterung der Bandscheiben bedeutet! Auf diese Zusammenhänge hat TÖNDURY (1956/1958) ausdrücklich hingewiesen.

Schon lange vor der Geburt, d. h. bereits bei Embryonen von 70 mm SSL, kann von einer betriebsfunktionellen Gestaltung der Bandscheibe gesprochen werden; diese findet ihren Ausdruck in der Gliederung in eine sehnigfaserige Außenzone, eine faserknorpelige Innenzone und den Gallertkern. In den ersten Lebensjahren kommt es zunehmend zur Kräftigung der Strukturen und Anpassung an die äußeren Belastungen.

Die Außenzone des Faserringes besteht aus Lamellen, die ihrerseits aus parallellaufenden, kollagenen Fasern aufgebaut sind; diese gewinnen im Verlauf des postnatalen Lebens sehnigen Charakter. In aufeinanderfolgenden Lamellen verlaufen die Fasern gegensinnig-spiralig von einer Wirbelendfläche zur andern. Im vertikalen Tangentialschnitt erkennt man daher eine Art „Scherengitter"-Struktur, welche nicht nur axiale Bewegungen, sondern auch Torsionen ermöglicht. Die Lamellen sind nicht in sich geschlossene Ringe, sondern gehen vielmehr nach Verlauf über einen größeren oder kleineren Bogensektor in angrenzende Nachbarlamellen über. Ventral sind sie besonders zahlreich, schmal, aber sehnig, um nach lateral und hinten spärlicher zu werden.

Die Innenzone ist lockerer gebaut, die zarteren Fasern strahlen in die Knorpelplatte ein und lassen für Knorpelzellen und Zwischensubstanz genügend Raum. Die innersten Fasern enden frei in der Höhle des Gallertkerns, der sich durch Verschleimung der innersten Anteile der Innenzone vergrößert.

Der voll ausgebildete Gallertkern besteht aus einer schleimig-gelatinösen Masse von rundlicher Form, die sich der Umgebung überall eng anschließt. Er ist sehr wasserreich, aber strukturarm: Neben einem lockeren Zellreticulum enthält er nur wenige Fasern.

Mit der Schilderung der postnatalen Entwicklung von Wirbelkörper und Bandscheibe haben wir die Hauptbestandteile des Bewegungssegmentes besprochen. JUNGHANNS versteht unter einem *Bewegungssegment* eine Baueinheit der Wirbelsäule, welche die kraniale bzw. caudale Hälfte zweier benachbarter Wirbelkörper samt ihren Knorpelplatten und der dazwischenliegenden Bandscheibe, aber auch die Wirbelbogen mit den Wirbelgelenken umfaßt. Im weiteren Sinne können auch die Längsbänder und die Zwischenwirbelkanäle dazu gerechnet werden. Alle, den Bau, die Entwicklung und die Funktion der Wirbelsäule betreffenden Fragen werden mit Vorteil am einzelnen Bewegungssegment studiert. Die Bewegungssegmente sind nicht nur Bau-, sondern auch Funktionseinheiten der Wirbelsäule, deren Bestandteile im Rahmen des Ganzen besondere Aufgaben erfüllen. Der Gallertkern verfügt über einen bestimmten Quellungsdruck, der ihm eine allseitig sich ausbreitende Sprengkraft verleiht. Damit steht das Bewegungssegment auch in Gleichgewichts- und Ruhelage unter Spannung: Die Knorpelplatten werden unter Druck gesetzt, und insbesondere stehen die kollagenen, undehnbaren Fasern des Anulus fibrosus, auch ohne zusätzliche Belastung durch den Muskeltonus, unter dauernder Zugwirkung. Dadurch werden plötzliche und starke Zerrungen am Bandapparat vermieden. Nach dem Pascalschen Gesetz breitet sich der Druck in einem flüssigkeitsgefüllten Hohlraum gleichmäßig nach allen Seiten aus. Auf die Bandscheibe angewendet, bedeutet dies eine gleichmäßige Verteilung der Belastung auf alle Strukturen: gleichmäßiger Druck auf die Knorpelplatten, gleichmäßiger Zug am Faserring, und zwar auch dann, wenn die einwirkende Kraft ihre Richtung ändert (Stellungsänderung der Wirbelsäule bei Bewegungen) oder der Gallertkern bei Beugung und Streckung der Wirbelsäule sich innerhalb der Bandscheibe verlagert (Verschiebung nach der konvexen Seite der Krümmung). So können Kräftekonzentrationen auf einzelne Bandscheibenanteile und damit Materialüberbeanspruchungen und -schäden vermieden werden. Trotz der inneren Spannung im System lassen sich die „frei auf dem Wasserkissen balancierenden" Wirbelkörper leicht gegeneinander bewegen. Der Bandapparat schränkt aber die Bewegungsausschläge ein, und die „Führungs- und Hemmungseinrichtungen" der Wirbelgelenke gestatten Bewegungen nur in bestimmten Richtungen.

Das Gleichgewicht im Verspannungssystem kann gestört werden, wenn Faserring oder Knorpelplatten der Sprengkraft nicht gewachsen sind. Unter solchen Umständen kommt es entweder zu Rißbildungen mit Protrusion von Bandscheibenmaterial nach außen oder zu Einbrüchen der Knorpelplatten mit Bildung von Schmorlschen Knötchen in der Spongiosa der Wirbelkörper.

Die durch die Bandscheiben verbundene Wirbelkörperreihe erfährt durch die Längsbänder eine wesentliche Verstärkung. Das dorsale Längsband inseriert — fächerartig sich ausbreitend — in den hinteren Lamellen der Bandscheibe, wodurch deren schwächere dorsalen Anteile verstärkt werden. Umgekehrt überspringt das ventrale Längsband frei die Bandscheibe, um sich erst jenseits der knöchernen Randleiste mit Sharpeyschen Fasern im Wirbelkörper zu verankern. Diese Verankerungsstelle ist, wie wir sehen werden, bei den Altersveränderungen von Bedeutung.

Jedes Bewegungssegment besitzt paarweise Gelenke, die durch keilförmige Artikulation des caudalen Gelenkfortsatzes des einen mit dem kranialen des nächsttieferen Wirbels entstehen, wobei die Basis des einen neben die Spitze des anderen zu liegen kommt. Der hyaline Gelenkknorpel ist Überrest der ursprünglich völlig knorpeligen Wirbelbogenanlage.

Die Gelenkkapseln sind ziemlich kräftig, vor allem längsverstärkt, aber schlaff. Auf der Wirbelkanalseite sind sie mit den Ligamenta flava verwoben.

Die lockerfaserigen, sehr gefäßreichen meniscusartigen Gelenkeinschlüsse wurden bereits erwähnt. Sie stehen mit dem Gewebe des Intervertebralloches in Verbindung. Hier wurzeln ihre Gefäße. Die sich in späteren Jahren ausbreitende

Fettinfiltration nimmt von der im Zwischenwirbelloch gelegenen Basis ihren Ausgang. Bei Erwachsenen sind diese Gelenkeinschlüsse im allgemeinen nurmehr im Hals- und Lendenbereich regelmäßig anzutreffen.

Die Wirbelgelenke sind „Führungs- und Hemmungseinrichtungen", welche die allseitigen Bewegungsmöglichkeiten der Bewegungssegmente auf ganz bestimmte Richtungen beschränken. Es wäre aber falsch, aus der Lage der Gelenkebenen strenge Rückschlüsse auf die Bewegungsmöglichkeiten des Bewegungssegmentes zu ziehen. „Die strenge Koppelung von Gelenkform und -funktion gilt bei der Wirbelsäule nicht" (Fick). Leicht kommt es zu Verkantungen, gegensinnigen Verdrehungen der Gelenkenden und zum Klaffen des Gelenkspaltes, soweit dies eben die schlaffe, aber kräftige Kapsel zuläßt. Den Volumenschwankungen der Gelenkhöhle kann sich der gefäßreiche Gelenkeinschluß durch „Ansaugen", bzw. „Auspressen" von Blut sehr schön anpassen. Er wirkt dabei ähnlich den Ölfederungen der hydraulischen Bremsen in der Technik. Diese Bremsung sichert die Bandscheiben vor übermäßigen Bewegungsausschlägen und Zerrungen.

Die Zwischenwirbelkanäle machen während des postnatalen Wachstums keine wesentlichen Veränderungen mehr durch. Im endgültigen Zustand ist das Loch bzw. der Kanal durch derbe Fasern ausgekleidet, in die im Halsbereich auch Verankerungszüge von Spinalganglien und -nerven einstrahlen. Dieselben liegen im Halsbereich zentral, im Brustbereich exzentrisch, in der Incisura vertebralis inferior und in der Lendengegend sind sie nach ventro-kranial verschoben. Eine Ebene, die durch die Gelenkspalte gelegt wird, geht aber in allen Abschnitten kranial über die Ganglien hinweg, so daß diese außerhalb des „Wirkungsbereiches" der Gelenke, im Schutz des unteren Gelenkfortsatzes liegen (Landolt).

Die Spinalnervenwurzeln, ein Stück weit von Durafortsätzen begleitet, sowie Spinalganglien und -nerven sind in einem lockeren Bindegewebe eingebettet und von dünnwandigen großen Venen, die den Plexus vertebralis internus mit dem Plexus vertebralis externus verbinden, „wasserkissenartig" gepolstert. Über die speziellen Verhältnisse im Bereiche der Halswirbelsäule wird später noch berichtet.

Postnatale Entwicklung der Halswirbelsäule bis zum Abschluß des Wachstums

Die postnatale Wachstumsperiode der Halswirbelsäule folgt im allgemeinen den im vorhergehenden Abschnitt beschriebenen Grundsätzen. Hier sollen aber doch einige anatomische, topographische und funktionelle Eigenheiten der Halswirbelsäule erwähnt werden, die gerade dieser Lebensperiode ihr charakteristisches Gepräge geben.

Beim Neugeborenen lassen sich die Knochenkerne in den Wirbelkörpern deutlich von den dazwischenliegenden Bandscheiben samt Knorpelplatten abgrenzen (Abb. 13). Sie sind mehr oder weniger viereckig und spiegeln damit die Gestalt der fertigen Wirbelkörper wieder. Knorpelplatten und Faserring der Bandscheiben hingegen sind weniger scharf voneinander abgrenzbar. Die Knorpelplatten, gegen die Bandscheibe konvex vorgewölbt, werden erst später durch den sich ausdehnenden Gallertkern langsam gegen die Spongiosa eingedellt. Auf Abb. 13, die den Ausschnitt eines Bewegungssegmentes der Halswirbelsäule wiedergibt, sind links die Knochenkerne der Wirbelbogen zu erkennen, die bei der Halswirbelsäule den Anlagen der Processus uncinati entsprechen. Sie sind von den Wirbelkörperkernen durch die breite Wirbelbogenfuge, den sog. „Zwischenknorpel" getrennt. Die noch knorpelige Oberfläche der Processus uncinati geht kontinuierlich in die Knorpelplatte über und zieht dabei über den Zwischenknorpel hinweg.

Von einem eigentlichen Processus uncinatus kann man aber unseres Erachtens noch nicht sprechen. Dieser schaufelartig sich erhebende Kamm an der

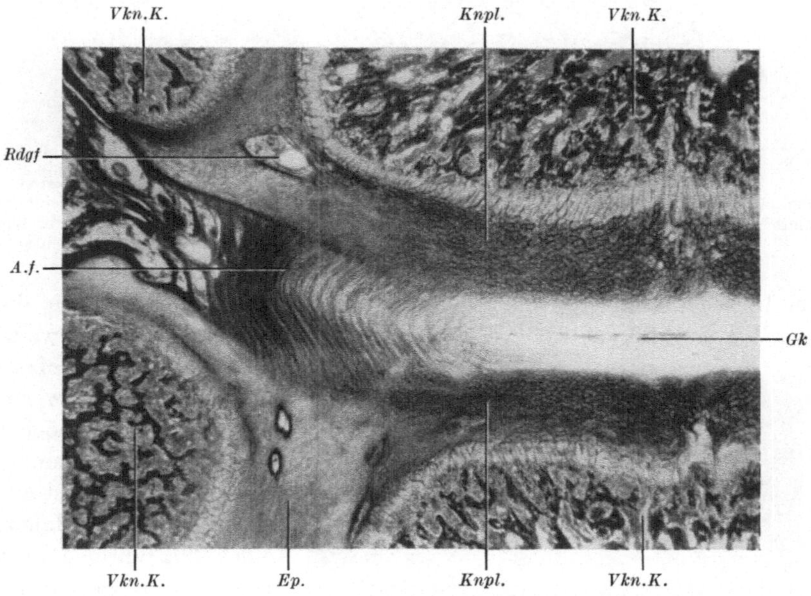

Abb. 13. Frontalschnitt durch die Halswirbelsäule eines Neugeborenen. Verknöcherungskerne in den Wirbelkörpern rechts, und in den Wirbelbogenwurzeln links (*Vkn.K.*). Knorpeldeckplatten (*Knpl*) mit Randgefäßen (*Rdgf*). „Zwischenknorpel" oder Wirbelbogenepiphysen (*Ep*). Anulus fibrosus (*A.f.*), der den Zwischenknorpel nicht überschreitet. Flacher Gallertkern (*Gk*)

kranialen Wirbelkörperdeckfläche der Halswirbelsäule beim Erwachsenen beginnt sich erst gegen das neunte Lebensjahr aufzurichten. Beim Neugeborenen bildet er wie im Fetalstadium lediglich eine breite, flach liegende Ausladung der Wirbelkörper, auf welche der Faserring nicht übergreift. Seine peripheren Lamellen liegen etwa auf Höhe der Wirbelbogenfuge (Abb. 13) und ziehen in straffen, nach außen gerichteten Bogen von Knorpelplatte zu Knorpelplatte. Gegen die Bandscheibenmitte zu werden die Lamellen dünner, undeutlicher und faserknorpelig. Im Zentrum finden wir den beim Neugeborenen im Halsbereich sehr flachen Nucleus pulposus, der noch einen Rest des Chordareticulums enthalten kann.

Der an die äußersten Lamellen angrenzende, zwischen den Processus uncinati liegende Raum wird von lockerem, gefäßreichem Gewebe eingenommen, das mit der bindegewebigen Auskleidung des Intervertebralloches in Verbindung steht.

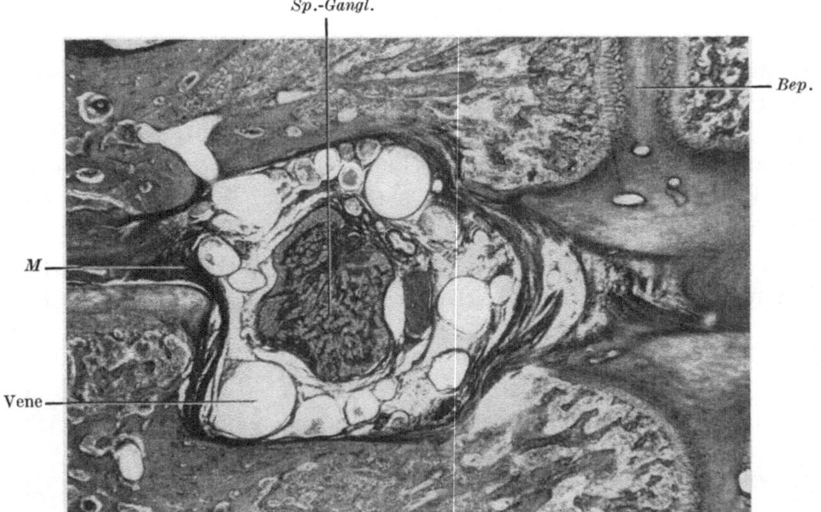

Abb. 14. Zwischenwirbelloch beim Neugeborenen. Zentral gelegenes Spinalganglion und ventrale Wurzel von zahlreichen dünnwandigen, weiten Venen gepolstert. Auskleidung des Loches mit derben Fasern. Bogenepiphysen mit Wachstumszonen (*Bep*). Gelenkfortsatz mit dickem Knorpelbelag. In den Gelenkspalt einragender Meniscus (*M*)

Im Innern desselben (Abb. 14), schön zentral gelegen, finden wir das Spinalganglion und die ventrale Wurzel, gepolstert von dünnwandigen, weiten Venen, die durch die derbfaserige Auskleidung des Zwischenwirbelloches von der knöchernen Umrandung getrennt sind.

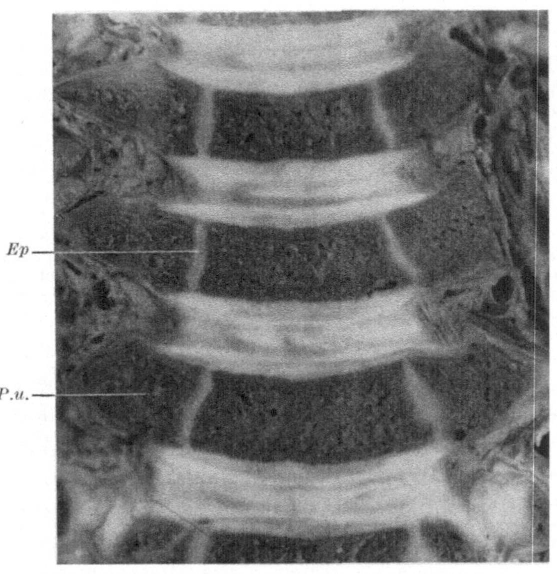

Abb. 15. Frontalschnitt durch die Halswirbelsäule eines $2^1/_2$jährigen Kindes. Schmale Wirbelbogenepiphysen (*Ep*), flachliegende Processus uncinati (*P.u.*), die frei ins paravertebrale Bindegewebe ragen. (Aus TÖNDURY 1958)

Auf Abb. 15 ist ein Frontalschnitt durch die Halswirbelsäule eines $2^1/_2$ jährigen reproduziert: Die Wirbelbogenfugen sind entsprechend den Fortschritten des Verknöcherungsprozesses schmäler geworden. Die Processus uncinati, immer noch flach, ragen unbedeckt in das paravertebrale Bindegewebe. Die Bandscheibengrenzen fallen also mit dem Wirbelbogenbeginn zusammen. Vergleichen wir damit die Verhältnisse bei einem 20jährigen (Abbildung 16): Knöcherne Wirbelkörper und Wirbelbogen sind jetzt völlig miteinander verschmolzen und bilden ein einheitliches Ganzes. Die Processus uncinati haben sich steil aufgerichtet und sind mit dem Wirbelkörper breitbasig verbunden. Nichts weist mehr auf ihre Wirbelbogen-Abstammung hin.

Die vergleichende Untersuchung des Verhaltens der Processus uncinati in verschiedenen Altersstufen ergab, daß sich diese beim 9jährigen aufzurichten beginnen und schließlich schaufelartige, seitliche Knochenkämme bilden, die der Deckfläche des Wirbelkörpers, zusammen mit deren Krümmung in sagittaler Richtung Sattelform verleihen. Da die Processus uncinati im Rahmen der Altersveränderungen der Bandscheiben eine große Rolle spielen, wollen wir diese für die Halswirbelsäule charakteristischen Gebilde genauer besprechen: Von den seitlichen Teilen der oberen Wirbelendfläche steigen sie gegen dorsal langsam an und erreichen längs dem Zwischenwirbelkanal ihre größte Höhe. Sie bilden hier eine hohe schützende Wand zwischen Bandscheiben und Intervertebralkanal, so daß Discusprolapse, um das schon vorwegzunehmen, in Richtung auf die Foramina intervertebralia selten sind (RATHCKE). Anderseits erklären sich die neurologischen Symptome bei spondylotischen Prozessen dieser Gegend aus ihren engen topographischen Beziehungen zum Inhalt des Intervertebralkanals. Die Processus uncinati von C_3 sind am höchsten (7 mm), die caudal folgenden werden zunehmend niedriger und flacher.

Abb. 16. Halswirbelsäule eines 20jährigen Jugendlichen. Gesunde Bandscheiben ohne seitliche Rißbildungen. Aufgerichtete Processus uncinati, deren Spitzen außerhalb des Bandscheibenbereiches liegen

Die funktionelle Bedeutung der Processus uncinati dürfte vermutlich in einer „Führung" der Flexionsbewegungen liegen. Die sagittale Stellung der „Knochenschienen" macht sie zur Führungseinrichung sehr geeignet, um so mehr, als Flexion und Extension bei der Halswirbelsäule nicht reine „Kipp"-Bewegungen um eine Horizontalachse sind, sondern sich mit einer „Roll"-Bewegung kombinieren. Dabei verschieben sich die Wirbelkörper mit ihren Endflächen gegeneinander. Die dadurch entstehenden treppenförmigen Absätze lassen sich im seitlichen Röntgenbild längs den hinteren Wirbelkörper-Kanten deutlich sehen.

Die Bandscheiben sind im Halsbereich relativ niedrig und nehmen entsprechend der Oberfläche der Wirbelendplatten Sattelform an. Im Frontalschnitt (Abb. 16) erscheinen sie als flache, nach oben konkave Schalen von hellweißer Farbe. Bei der untersten Bandscheibe lassen sich die in harmonischem Bogen durchlaufenden gespannten Lamellen erkennen. Auch das Vorquellen des gut turgeszierten Gallertkerns kann man an dieser Bandscheibe erraten. Die

Faserlamellen reichen seitlich bis weit auf die Processus uncinati hinaus, lassen deren Spitzen aber unbedeckt, so daß sie frei ins paravertebrale Bindegewebe hinausragen.

Die lateralen Teile der Bandscheiben des in Abb. 16 gezeigten Beispiels zeigen keine Besonderheiten. Wie wir sehen werden, handelt es sich aber um einen Ausnahmefall, indem in der Mehrzahl der Fälle schon im Kindesalter Spalten auftreten, die zuerst im Bereich der Processus uncinati manifest werden und die Tendenz haben, nach der Mitte fortzuschreiten. Da diese lateralen Spalten in den Halsbandscheiben die Lebenskurve der Halswirbelsäule entscheidend beeinflussen, werden wir ihnen ein besonderes Kapitel widmen.

Die Bandscheiben gestatten nur kleine Bewegungsausschläge. Die hohe Beweglichkeit der Halswirbelsäule kann deshalb nur erreicht werden, indem eine „Nick"-Bewegung im Atlanto-occipital-Gelenk, sowie eine „Schleif"-Bewegung zwischen Atlas und Dens die Aktionsmöglichkeiten erweitern.

In der Jugend ist die Beweglichkeit in den beiden unteren Bewegungssegmenten ($C_6/_7$ und C_7/Th_1) am größten, damit aber auch die Beanspruchung des Bandscheibengewebes. Materialverschleiß, Abnützungs- und Alterserscheinungen werden also hier besonders früh und in besonders hohem Maße zu erwarten sein. Mit zunehmendem Alter aber kommt es zu Narbenbildung, fibröser oder knöcherner Ankylosierung mit Versteifung der unteren Bewegungssegmente. Damit verschiebt sich das Bewegungsmaximum nach dem dritten und vor allem nach dem zweiten Segment (Virchow, Exner).

Von besonderer praktischer Bedeutung ist die unmittelbare Nachbarschaft der A. vertebralis und des dem Ganglion stellatum des Sympathicus entstammenden N. vertebralis zur Uncovertebralregion. Diese nahe Nachbarschaft erklärt, daß beide bei den sich hier abspielenden Alterungsprozessen leicht in Mitleidenschaft gezogen werden und deshalb für die klinische Symptomatik [(Migraine cervicale Baertschi), und Syndrom des hinteren Halssymphaticus (Barre)] bestimmend sind.

Die Querfortsätze der Halswirbelsäule bilden mit den Rippenrudimenten den einheitlichen Processus costotransversarius, der die A. vertebralis ringförmig umschließt. Diese ist ein Ast aus der A. subclavia, dringt auf der Höhe von C_6 in das unterste Foramen costotransversarium ein und steigt, begleitet von einem Venengeflecht, längs den Wirbelkörpern in die Höhe. Auf der Höhe der Regio intervertebralis durchkreuzt sie die äußere Mündung der Intervertebralkanäle, so daß sich die Spinalnerven dorsal an ihr vorbei drängen müssen, eine topographische Beziehung, die Landolt schon bei Embryonen von 70 mm SSL fand. Auf Höhe des Intervertebralraumes zieht sie, nur durch den venösen Begleitplexus von ihm getrennt, über die Außenfläche des Processus uncinatis hinweg (Abb. 16, besonders rechts).

Zusammen mit der Arterie dringt der N. vertebralis in den Canalis costotransversarius ein und begleitet die Arterie auf ihrer dorsalen Seite bis auf Höhe von C_4. Der N. vertebralis gehört zu den Rami communicantes bipartiti, die sich mit ihren postganglionären Fasern den Ästen zum Plexus brachialis beigesellen, und dabei gelegentlich gemeinsam mit kleinen Venen durch Foramina costotransversaria accessoria verlaufen können (Landolt).

Noch ein Wort zum Bau von Wirbelgelenken und Zwischenwirbelkanal am Ende des Wachstums: Die Flächen der Halswirbelgelenke sind von ventral oben nach dorsal unten geneigt und so steil gestellt, daß der „Aktionsbereich“ der Gelenke über Ganglion und Spinalnerv hinwegreicht. Die kräftigen, aber

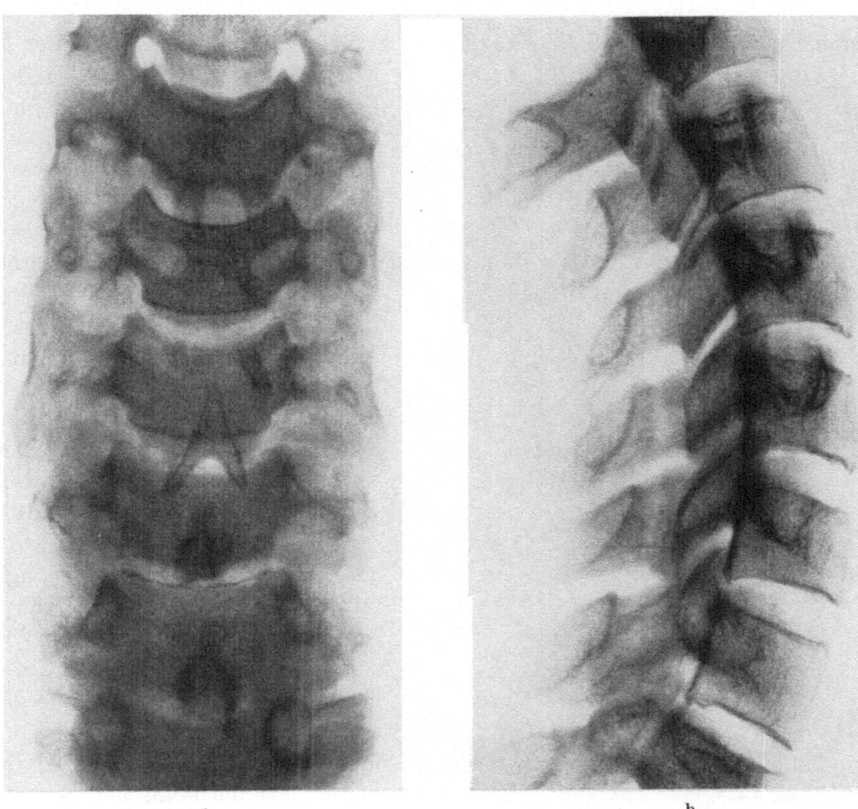

Abb. 17a—c. Die drei „Standardaufnahmen“ der Halswirbelsäule eines 21jährigen Mannes. a a.p.-Aufnahme. Besonders gut lassen sich die Processus uncinati beurteilen. b Seitlich. Bandscheiben, Deckplatten, sowie das Verhalten der Wirbelkörperkanten und Intervertebralgelenke kommen gut zur Darstellung

schlaffen Gelenkkapseln erlauben Verkantungen der Gelenkflächen und das Klaffen der Gelenkspalte, so daß die Bewegungsmöglichkeiten in den Gelenken der Halswirbelsäule viel ausgiebiger und mannigfaltiger sind, als man aus der bloßen Gelenkform schließen könnte. Was darüber im allgemeinen Teil gesagt wurde (vgl. S. 16), gilt in besonderem Maße für die Halswirbelsäule. Die Spinalganglien behalten, da sich der Ascensus medullae in der Halsregion nicht mehr auswirkt, ihre zentrale Lage bei und werden, von voluminösen Venen gut gepolstert, an den knöchernen Rahmen des Intervertebralloches fixiert. Das Zwischenwirbelloch hat im Halsbereich eine breite „Schuhsohlenform“, die sich, wie wir sehen werden, durch Zackenbildung unter Umständen in eine schmale „Sanduhrform“ verwandeln kann.

Zur Röntgenologie (Abb. 17a, b und c). Um die Halswirbelsäule röntgenologisch richtig beurteilen zu können, sind Aufnahmen in drei Richtungen nötig:

1. Auf dem a.p.-Bild lassen sich allfällige Skoliosen, Form und Struktur der Wirbelkörper, sowie vor allem das Verhalten der Processus uncinati und der ihnen gegenüberliegenden Seitenunterfläche des nächsthöheren Wirbelkörpers — des sog. Gegenpols — gut beurteilen.

2. Das Seitenbild zeigt Form und Höhe der Bandscheiben (Abb. 17b). Dank deren Keilform (ventral höher als dorsal) kommt es zur Lordosierung der Halswirbelsäule in Mittellage. Grund- und Deckplatte der Wirbelkörper sind ungefähr planparallel; hingegen ist ihre Vorderfläche nach caudal etwas ausgezogen, wodurch die Wölbung der Wirbelunterfläche verstärkt wird. Diese Besonderheit kommt im seitlichen Röntgenbild deutlich zum Ausdruck. Auch spondylotische Randwülste und Sklerosen sind leicht zu erkennen. Die Intervertebralgelenke werden mit ihren Veränderungen hier deutlich.

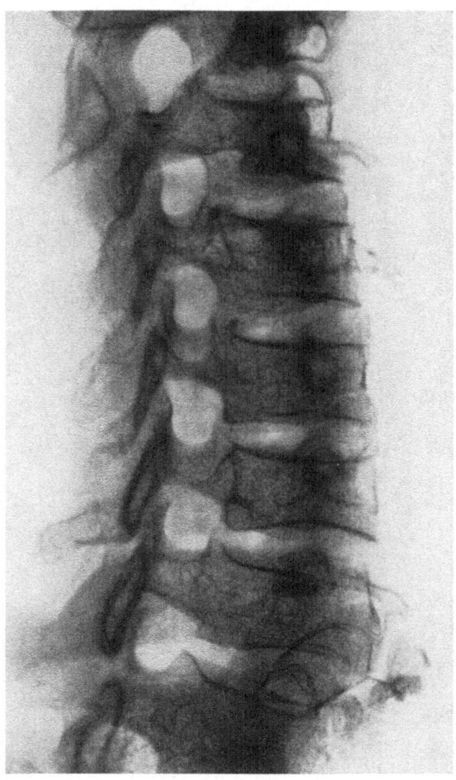

Abb. 17c. Schrägaufnahme. Breite Schuhsohlenform der Intervertebrallöcher

3. Die Schrägaufnahmen werden speziell zur Beurteilung der Zwischenwirbellöcher herangezogen (Abb. 17c).

In unserem Fall zeigt das ap-Bild (Abb. 17a) die schöne Spongiosastruktur der Wirbelkörper. Die Processus uncinati scheinen etwas plump, sind aber nicht deformiert. Im seitlichen Bild erkennt man eine gleichmäßige Lordose, die sich besonders längs den hinteren Wirbelkörperkanten als harmonischer Bogen verfolgen läßt. Die Bandscheiben sind überall gleich hoch. Nirgends zeigt sich Sklerose oder Zackenbildung. Die kleinen Wirbelgelenke sind intakt. Die Zwischenwirbellöcher in der Schrägaufnahme erinnern — bei einiger Phantasie — entfernt an die Form einer allerdings etwas breiten „Schuhsohle". Wir haben also eine jugendliche Halswirbelsäule vor uns, deren Röntgenbilder noch keine Spur von Altersveränderungen zeigen.

Die Entwicklung der seitlichen Spalten

Das bedeutsamste Geschehen während der Wachstumsperiode der Halswirbelsäule ist die Entstehung seitlicher Risse in der Bandscheibe. Sie sind von Töndury (1943, 1955, 1958) erstmals beobachtet und beim Neunjährigen eingehend beschrieben worden. Diese Risse sind für das weitere Schicksal der Bandscheiben von entscheidender Bedeutung, indem sie den charakteristischen Verlauf der Lebenskurve der Halswirbelsäule bestimmen. Wir wollen daher ihre Entwicklung von der unveränderten Bandscheibe mit völlig intakten Lamellen über die ersten Anlagen und Vorstufen bis zum fertigen Riß Schritt für Schritt verfolgen.

Abb. 18 gibt den Frontalschnitt durch die Halswirbelsäule eines Neunjährigen wieder. Die Bandscheiben haben Sattelform angenommen, da die Processus uncinati, nur noch durch einen schmalen Zwischenknorpel vom Wirbelkörper getrennt, in Aufrichtung begriffen sind. Die Bandscheiben haben sich durch Anlagerung von straffen Bindegewebsfasern lateralwärts verbreitert und zeigen nun seitliche Einrisse, die gegen die Gallertkernhöhle gerichtet sind.

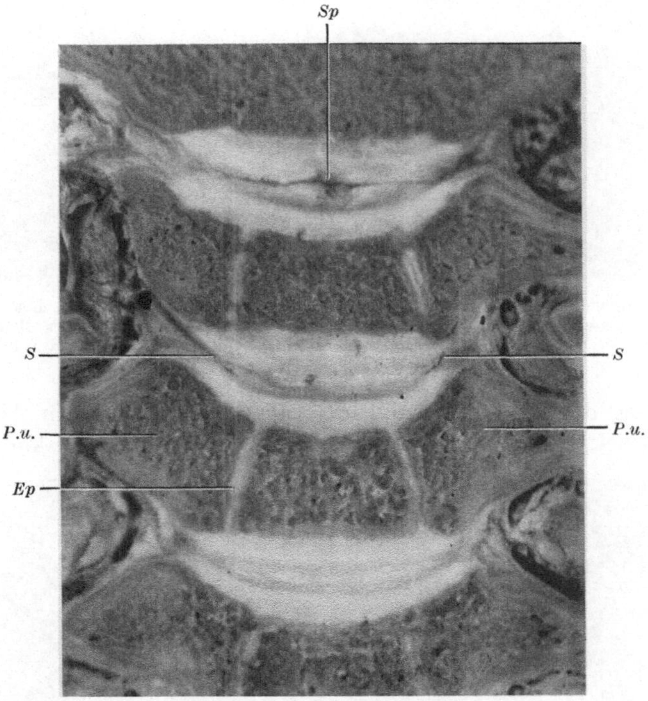

Abb. 18. Frontalschnitt durch die Halswirbelsäule eines 9jährigen. Seitliche Einrisse (*S*) bei der mittleren, durchgehenden Spalte (*Sp*) bei der oberen Bandscheibe deutlich zu erkennen. Schmale Wirbelbogenepiphyse (*Ep*). In Aufrichtung begriffene Processus uncinati (*P.u.*). (Aus TÖNDURY 1958)

Diese, für die Halswirbelsäule so charakteristischen und funktionell bedeutsamen seitlichen Spalten, treten also erstmals ungefähr beim Neunjährigen in Erscheinung. An verschiedenen Bandscheiben desselben Präparates vom Neunjährigen lassen sich, bei stärkerer Vergrößerung, die einzelnen Stadien schön verfolgen, die vom intakten Gewebe über beginnende Auflockerung und Überdehnung endlich zum fertigen Riß führen, so daß wir eine lebendige Vorstellung von den Prozessen gewinnen können:

Abb. 19 zeigt seitliche Bandscheiben-Anteile, die sich von den Bildern beim Neugeborenen und Zweieinhalbjährigen nur wenig unterscheiden: Die in gleichmäßigen, nach außen gerichteten Bogen verlaufenden, völlig intakten Lamellen, strahlen in die dicken Knorpelplatten ein, die den Anulus fibrosus seitlich überragen, und bis an den Fuß des sich aufrichtenden Processus uncinatus reichen. An andern Stellen beschreiben die Lamellen nicht mehr einen harmonischen

Bogen, sondern sind stark nach lateral ausgezogen, und bilden an ihrem Scheitel geradezu einen Falz (Abb. 20). Schon jetzt läßt sich im Scheitelbereich eine

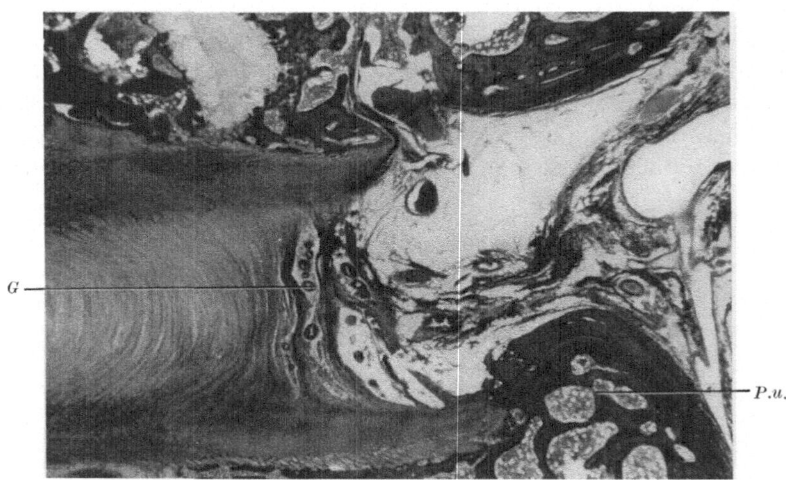

Abb. 19. Frontalschnitt durch seitliche Bandscheibenanteile beim 9jährigen. Intakte Lamellen, zwischen deren periphersten noch einige Gefäße erhalten geblieben (*G*) sind. Dicke Knorpelplatten, die bis zum Processus uncinatus (*P.u.*) reichen. Dieser ragt frei ins paravertebrale Gewebe, bedeckt von Füllgewebe, das im Intervertebralkanal wurzelt

Auflockerung der Lamellen feststellen, die als Aufhellung in Abb. 21 deutlich zum Ausdruck kommt. Die äußersten, sehnigen Lamellen können einreißen;

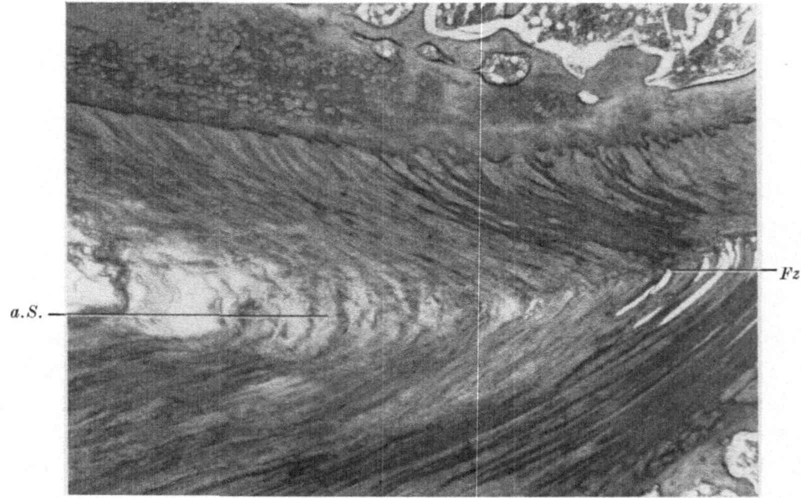

Abb. 20. Seitliche Bandscheibenanteile bei einem etwa 20jährigen. Die Lamellen verlaufen nicht in harmonischem Bogen, sondern zuerst gestreckt, um in der Mitte dann scharf umzubiegen (rechts), indem sie einen Falz bilden (*Fz*). Links sieht man die starke Auflockerung im Scheitelgebiet: Die Fasern sind entspannt, und haben einen wellenförmigen, „zapfenzieher“-artig gewundenen Verlauf (*a.S.*)

dann lassen sie die inneren, weicheren Anteile mit ihrem gelockerten Scheitel durchtreten, wodurch eine Art „intradiskoidaler Protrusion“ entsteht. Abb. 22 zeigt die von rechts her eindringenden Lamellen, von denen sich die vordersten durch die gerissenen Lamellen durchzwängen und dahinter pilzförmig ausbreiten.

Auf geeigneten Schnitten läßt sich erkennen, wie von peripheren Fasern nur körnige Trümmer und Gefäßstümpfe übrigbleiben, während eine Spalte zwischen

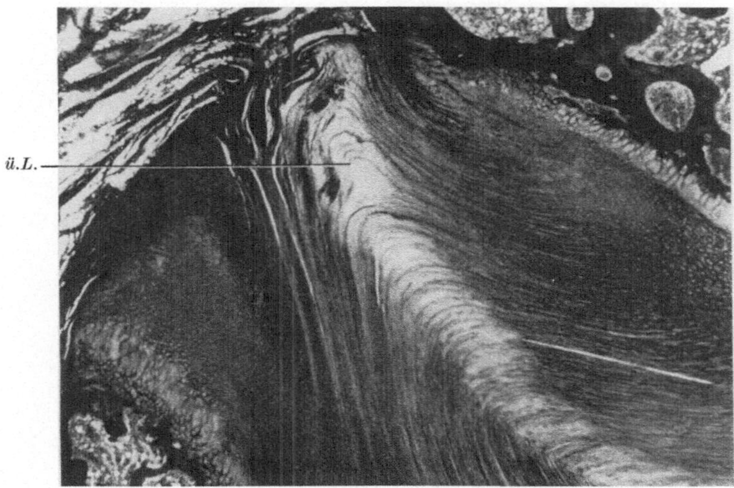

Abb. 21. Seitliche Bandscheibenanteile bei einem 24jährigen. Auch hier deutliche Auflockerung und Auswalzung im Scheitelbereich. Überdehnung der peripheren Lamellen (*ü.L.*)

die Lamellen vorzudringen beginnt. Deutlich ist der Beginn der Rißbildung auf Abb. 23 zu sehen: Die alleräußersten Lamellen scheinen die Kontinuität noch zu wahren, während die anschließenden inneren Lamellen gerissen sind. Bei

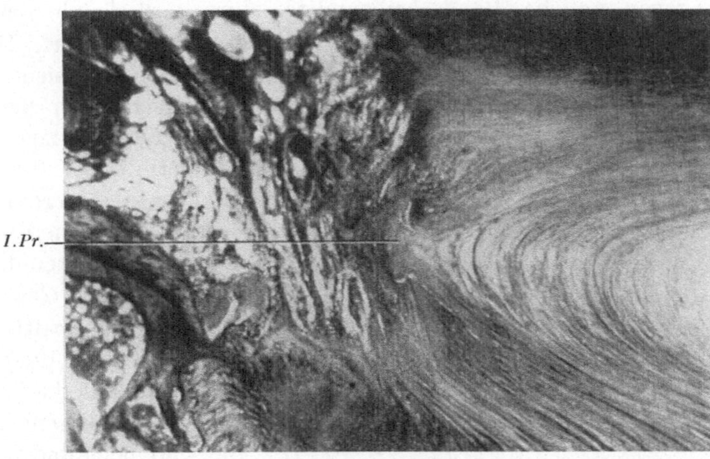

Abb. 22. Schnitt durch seitlichen Bandscheibenbereich beim 9jährigen. Überdehnte innere Lamellen haben sich hernienartig durch gerissene äußere durchgezwängt, ohne noch über den eigentlichen Bandscheibenraum hinauszutreten: Intradiscoidale Protrusion (*I.Pr.*)

diesen lassen sich Knorpelzellkerne bis nahe an die Rißoberfläche erkennen. Nach medial ist die Begrenzung des Risses unscharf. Dunkler Faserdetritus, der zwischen die aufgelockerten Lamellen eindringt, zeigt die Tendenz des Risses, nach medial fortzuschreiten. Immer tiefer dringt die seitliche Spalte vor (Abb. 24). Die ausgefransten, entspannten Fasern in den wie zu einem Zupfpräparat verarbeiteten Lamellen zeigen deutlich die Tendenz zum Weiterreißen (Töndury).

Ein bei jugendlichen Erwachsenen häufig anzutreffendes Bild zeigt Abb. 25. Alle Bandscheiben — die oberen mehr als die unteren — weisen deutliche seitliche Spalten auf. Diese dringen von lateral her gegen das Zentrum vor und halten sich dabei genau an die Bandscheibenmitte. Ihre mediale Begrenzung ist keineswegs scharf. Die Spaltlinie verliert sich vielmehr allmählich nach dem Bandscheibeninnern zu. Aus dem paravertebralen Bindegewebe wächst — wiederum bei den oberen Bandscheiben besonders deutlich erkennbar — ein meniscusartiger Gewebekeil in das klaffende Spaltlumen vor. Abgesehen von diesen Spaltbildungen sind die Bandscheiben in tadellosem Zustand: Sie sind hoch und weiß. Von Zerklüftungen und Rissen im Innern, wie wir sie in anderen Wirbelsäulenabschnitten zu sehen gewohnt sind, fehlt jede Spur.

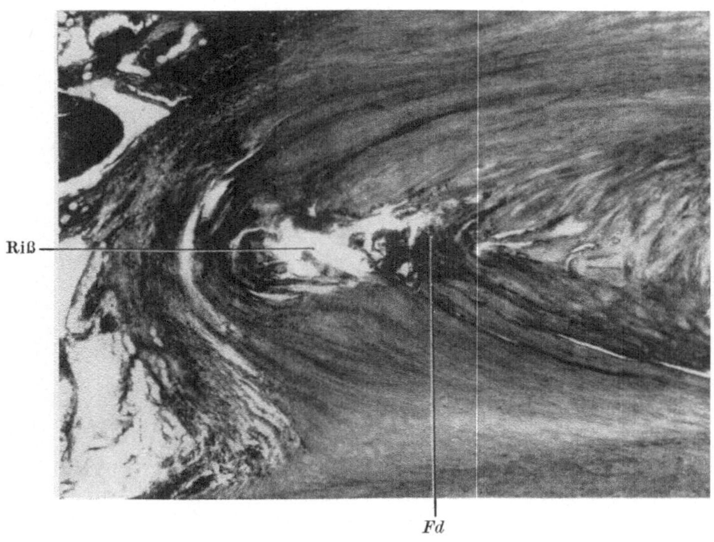

Abb. 23. Beginn der seitlichen Rißbildung. Innerhalb der gerissenen Lamellen erkennt man deutlich Knorpelzellkerne bis nahe an die Rißoberfläche. Von „Degeneration" kann nicht die Rede sein (vgl. Text). Dunkler Faserdetritus zeigt die Neigung des Risses weiterzuschreiten (*Fd*). (20jähriger Mann)

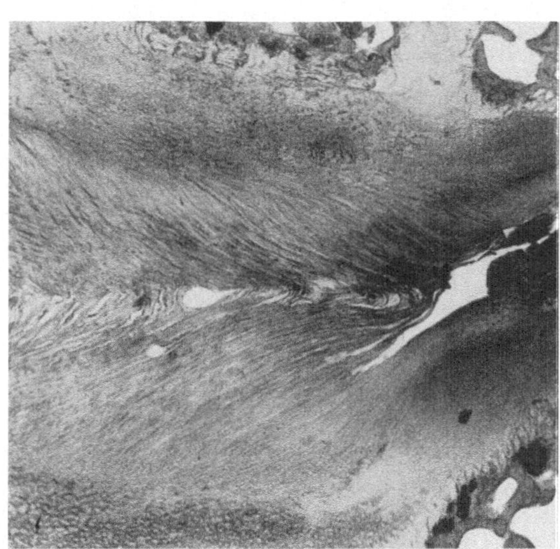

Abb. 24. Von rechts her dringt der Riß nach medial zwischen die Lamellen vor. Die Auflockerung im Scheitel der Lamellen ist ausgesprochen (9jährig). (Aus TÖNDURY 1958)

Wir werden auf die Bedeutung dieser Risse und ihren Ausbau zu gelenkähnlichen Strukturen im folgenden noch eingehen. Schon jetzt sei aber betont, daß sie in *gesundem* Gewebe entstehen, in Bandscheiben, die an Elastizität, Turgor und Vitalität der Gewebe nichts zu wünschen übriglassen. Es kann sich also bei diesen Rißbildungen, wie bereits Töndury (1943) hervorgehoben hat, nicht um etwas „Degeneratives" handeln, sondern um eine Anpassung an die Funktion der Halswirbelsäule: etwa im Sinne einer Erhöhung der Beweglichkeit.

Rißbildungen kommen allerdings auch in Bandscheiben der übrigen Abschnitte der Wirbelsäule vor, unterscheiden sich aber wesentlich von denjenigen in den Bandscheiben der Halswirbelsäule. In den Halsbandscheiben entstehen sie in gesundem, jugendlichem Gewebe, in anderen Wirbelsäulenabschnitten kommen sie immer nur in alternden Bandscheiben vor, in welchen involutive Prozesse schon weit gediehen sind. Im Halsbereich liegen die Spalten in Bandscheibenmitte und haben die Tendenz, gegen das Zentrum fortzuschreiten, während sie im Lendenbereich vorwiegend radiär gerichtet sind und immer längs der oberen oder unteren Knorpelplatte auftreten. Diesen konstanten Befund versucht man durch Vergleich der Lamellenfasern mit einem in einer Wand festgemauerten Draht, der bei Beanspruchung nicht irgendwo, sondern eben an seiner Fixationsstelle reißt, zu erklären. Die zentralen Risse in den Halsbandscheiben können im Extremfall die Bandscheibe in zwei Hälften zerlegen. Vermutlich ist die oben erwähnte Falzbildung, die den Scheitel der Lamellen so sichtbar schwächt, dafür verantwortlich, daß der Riß so genau in der Mitte durchgeht (Vergleich mit einem gefalteten Blatt Papier, das bei Zug mit Vorliebe im Bereich der Falte reißt).

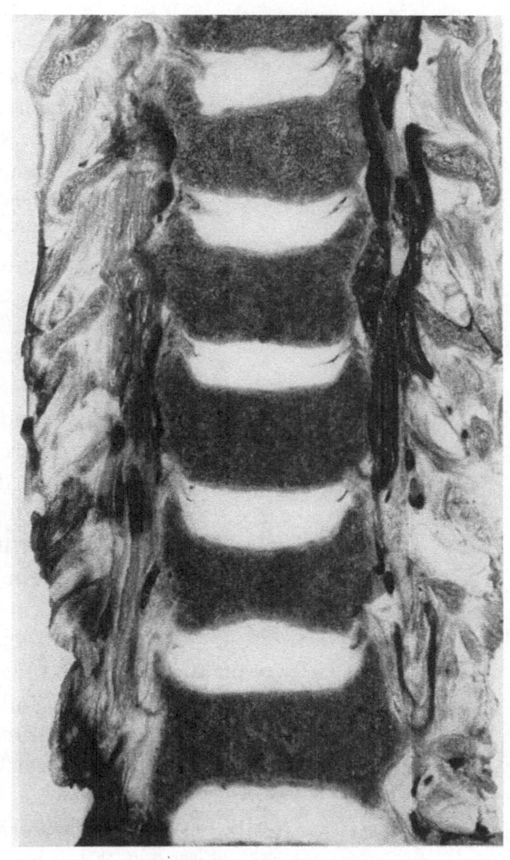

Abb. 25. Frontalschnitt durch die Halswirbelsäule eines 36jährigen Mannes. Glatt begrenzte, seitliche Spalten, besonders bei den oberen Bandscheiben. Einwachsender Meniscus

Der Unterschied im Aspekt der Risse der Lendenwirbelsäule einerseits und der Halswirbelsäule andererseits deutet auf die Verschiedenheit der Entstehungsbedingungen und vor allem auch auf die unterschiedliche funktionelle Bedeutung hin. Risse in verschiedenen Wirbelsäulenabschnitten können also nur „cum grano salis" miteinander verglichen werden.

Wir haben gesehen, daß seitliche Spalten zuerst in den oberen Bandscheiben — meist den oberen drei — auftreten und am deutlichsten sind, während sie meist in den unteren zwei noch lange fehlen können. Sie fehlen also gerade denjenigen Bewegungssegmenten, welche die größte Beweglichkeit aufweisen (Bakke, Fick, Virchow) und deshalb stärkster Materialbeanspruchung ausgesetzt sind. Die seitlichen Risse entstehen demnach nicht in unmittelbarer Abhängigkeit von der Größe des Bewegungsausschlages und der Beanspruchung des Bandscheibengewebes; sonst würden wir die Risse nicht zuerst in der oberen Halswirbelsäule, in den Segmenten mit geringer Beweglichkeit finden. Es ist vielmehr möglich, daß die Processus uncinati bei der Entstehung der seitlichen Spalten eine gewisse Rolle spielen. Dafür sprechen:

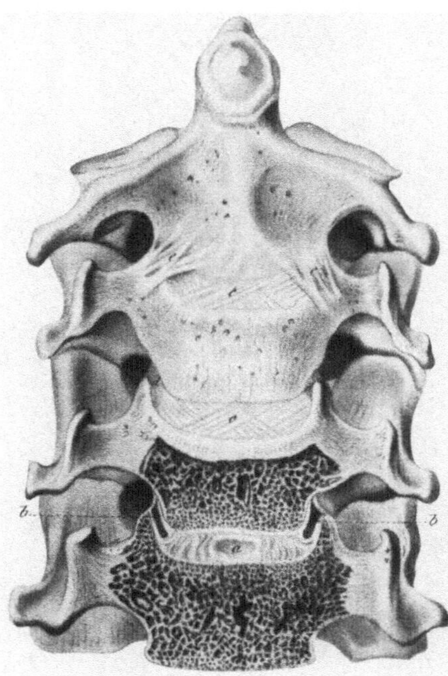

Abb. 26. Luschkasche Darstellung der Uncovertebral-Halbgelenke. Man erkennt (b) ihren Faserknorpelbelag in unmittelbarer Fortsetzung der hyalinen Knorpelplatten. Die Gelenkspalten sind gegen die Bandscheibenlamellen scharf abgegrenzt. Bei den nichteröffneten oberen Bandscheiben sieht man die uncovertebralen Bandverbindungen (c), die gegen dorsal sich gelenkkapselartig verdicken. (Aus Luschka 1857, „Die Halbgelenke des menschlichen Körpers")

1. das simultane Auftreten der seitlichen Risse mit der Aufrichtung der Processus uncinati aus einer flachen in eine steile Stellung (im 9. Lebensjahr beginnend).

2. Die seitlichen Spalten sind dort am größten und deutlichsten, wo auch die Processus uncinati am steilsten sind, nämlich oben (bei C_3 z. B. 7 mm). Unten, wo die Spalten kleiner sind, finden wir unscheinbare Processus uncinati.

3. In unserem Material fanden wir außerdem Fälle mit einem einen Processus uncinatus tragenden ersten Brustwirbel. In den entsprechenden Bandscheiben (C_7/Th_1) waren stets deutliche seitliche Spalten ausgebildet. Man kann also vermuten, daß nicht nur die Funktion der Halswirbelsäule, sondern auch ihre baulichen Eigentümlichkeiten am Zustandekommen der seitlichen Rißbildung beteiligt sind.

Luschka hat als erster vor genau hundert Jahren (1857) diese seitlichen Spalten beschrieben. Ihre Entstehung durch sekundäre Rißbildung in den lateralen Anteilen der Bandscheiben blieb ihm aber verborgen, vielmehr beschreibt er sie als außerhalb der Bandscheiben liegende seitliche Gelenke und spricht von den „Hemiarthroses laterales".

Abb. 26 aus Luschkas Werk, die von viel Hingabe, aber auch etwas Voreingenommenheit zeugt, gibt im unteren Teil den Frontalschnitt durch ein Bewegungssegment der Halswirbelsäule beim Erwachsenen wieder. Die Bandscheibe, mit Gallertkernhöhle und Faserring, nimmt nur die zentralen, flach liegenden Partien des Intervertebralraumes ein. Seitlich davon, außerhalb der Bandscheibe und deutlich von ihr abgegrenzt, befinden sich beiderseits die steil nach oben außen verlaufenden Halbgelenke. Diese verbinden den Processus uncinatus mit der Unterfläche des nächsthöheren Wirbelkörpers, dem sog.

Gegenpol, an dem LUSCHKA eine „Gelenkfazette“ gefunden hat. An Processus uncinatus und Gegenpol beschreibt er einen Faserknorpelbelag, der die unmittelbare seitliche Fortsetzung der hyalinen Knorpelplatte des Wirbelkörpers darstellen soll.

Die drei unteren Bandscheiben der in Abb. 27 reproduzierten Halswirbelsäule lassen uns aber das Verhalten der seitlichen Bandscheibenanteile anders interpretieren: Das Präparat stammt von einem 68jährigen Mann, bei dem die beginnende Chondrose zu einer Verfärbung der Lamellen geführt hat, die deren Verlauf deutlicher hervortreten läßt: Wir erkennen hier, wie die gerissenen Lamellen im Spaltbereich nach außen umgelegt sind — wie „Schilf, das sich im Winde neigt“ —, oder wie wenn sie durch eine von innen nach außen gerichtete Strömung mitgenommen und seitlich hingelegt würden (TÖNDURY). Dadurch erhält der Processus uncinatus, sowie die ihm gegenüberliegende Unterfläche des nächsthöheren Wirbelkörpers — der schon erwähnte Gegenpol — einen aus übereinandergeschichteten Lamellen bestehenden faserknorpeligen Belag.

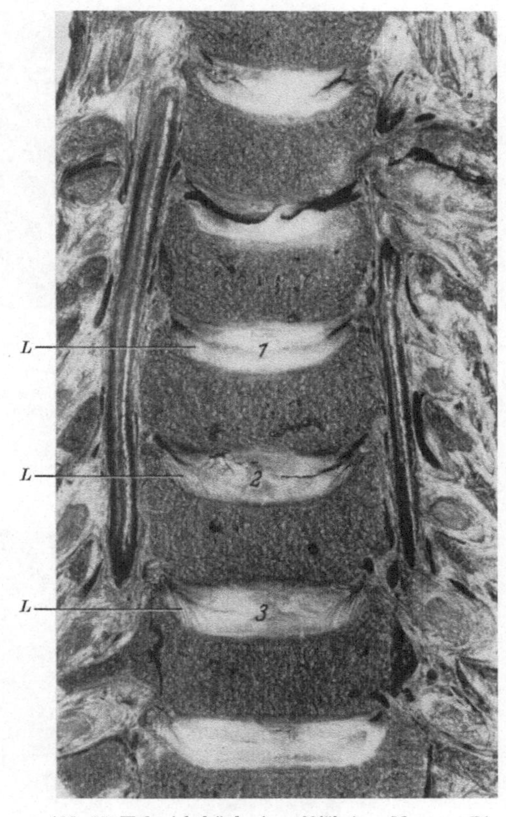

Abb. 27. Halswirbelsäule eines 68jährigen Mannes. Die drei unteren Halsbandscheiben (1, 2 und 3) weisen seitliche Risse auf, wobei die nach außen umgelegten, gerissenen Lamellen (*L*), die auf Processus uncinatus und Gegenpol einen „faserknorpeligen“ Belag bilden, deutlich zu erkennen sind

Die drei Bandscheiben der Abb. 27 zeigen also deutlich, daß es sich beim „Faserknorpelbelag“ des Processus uncinatus und seines Gegenpols um nichts anderes als um gerissene, nach außen umgelegte Bandscheibenlamellen handelt.

Histologisch lassen sich die Vorgänge genau analysieren. In Abb. 28 kann man die Entstehung des Faserknorpelbelages direkt verfolgen: Die letzten peripheren Lamellen sind eben gerissen, und man erkennt, wie sie in dicker Schicht seitlich niedergelegt werden, wobei sie den Processus uncinatus zudecken. Ein meniscusartiges Gebilde beginnt von außen in die Spalte einzuwachsen.

Einen mehrschichtigen dicken Belag von nach außen „gekämmten“ Faserlamellen zeigen der Processus uncinatus und sein Gegenpol in Abb. 29. Die hyalinen Knorpelplatten der Wirbelkörper reichen mit ihrem sich verjüngenden Rand von rechts her ungefähr bis in die Mitte der Abbildung. Sie werden von den seitlich hingelegten Lamellen nach lateral weit überragt. Damit werden

Abb. 28. Faserknorpelbelag des Processus uncinatus in Entstehung (*B*) begriffen. Man erkennt die eben reißenden, peripheren Lamellen (*L*) und die seitlichen, an die Flanke des Processus uncinatus sich hinlegenden Lamellen. Von außen wächst ein Meniscus ein (*M*). (61jähriger Mann)

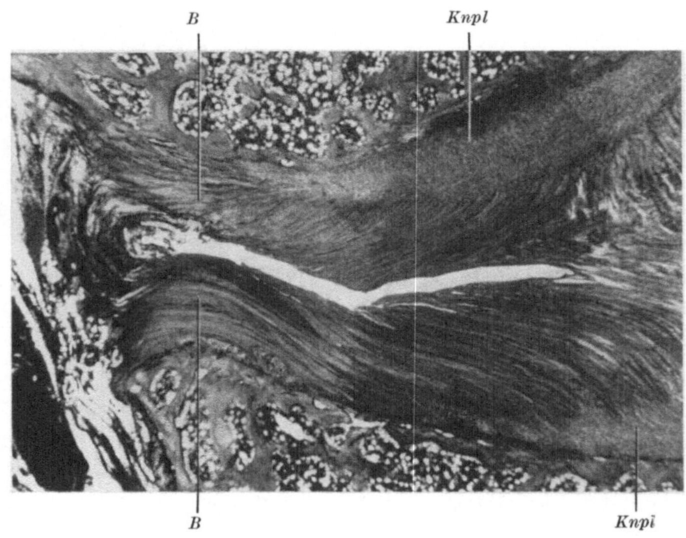

Abb. 29. Die nach auswärts „gekämmten" Lamellen bilden auf Processus uncinatus und Gegenpol einen mehrschichtigen dicken Faserknorpelbelag (*B*). Die hyalinen Knorpelgrundplatten sind rechts im Bilde zu erkennen (*Knpl*). (29jähriger Mann)

ehemals unbedeckte, frei an das paravertebrale Gewebe grenzende Anteile des Processus uncinatus und seines Gegenpols in den Bandscheibenbereich einbezogen.

Ausbau der seitlichen Spalten zu gelenkähnlichen Strukturen

Da es sich bei den seitlichen Spalten um Rißbildungen handelt, ist ihre Oberfläche begreiflicherweise nicht glatt: LUSCHKA spricht von „blattartigen Fortsätzen", die im Gelenkraum seiner Hemiarthroses laterales „frei flottieren". Auch TÖNDURY beschreibt an der Oberfläche der gerissenen, ausgefransten Lamellen, Fasern und Fibrillen, die korkzieherartig ins Spaltlumen hineinragen. Bald aber zeigen die verfärbten Lamellenstümpfe kolbige Auftreibungen; sie beginnen sich zusammenzuschließen und man erkennt deutlich die Tendenz, eine möglichst glatte Spaltoberfläche zu bilden. In Abb. 30 ist dieser Zustand

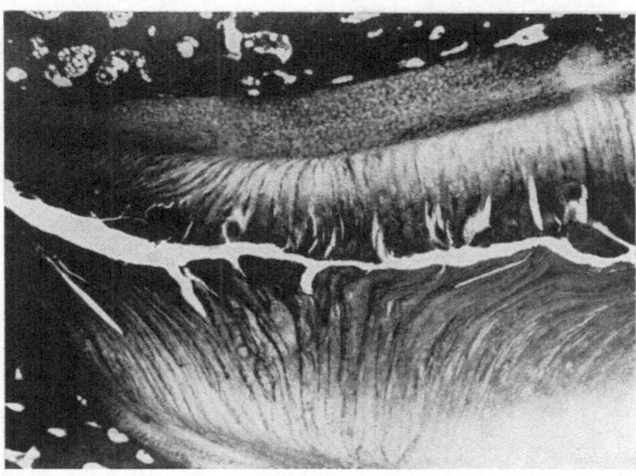

Abb. 30. Die verfärbten Lamellenstümpfe sind kolbig aufgetrieben. Sie beginnen sich zu einer glatten Oberfläche zusammenzuschließen. (50jähriger Mann)

der „Fusion" weitgehend erreicht: Die nach der Seite „gekämmten" Lamellen begrenzen — wie Haare eines nassen Pinsels — einen glatten Spaltraum, wobei sie die hyalinen Knorpelplatten seitlich weit überragen und für Processus uncinatus und Gegenpol einen dicken faserknorpeligen Belag bilden.

Der Gedanke an „Degeneration" rückt beim Betrachten dieser Vorgänge immer ferner. Man gewinnt vielmehr den Eindruck, daß die morphologischen Veränderungen als Anpassung an die besonderen Funktionen der Halswirbelsäule aufzufassen sind (TÖNDURY). In der Tat kann man sich mühelos vorstellen, wie Rollbewegungen, die nicht bloß ein Kippen, sondern ein wirkliches Verschieben der Wirbelkörper gegeneinander bedeuten, in den seitlichen Spalten zu einem richtigen „Gleiten" führen — genau wie bei echten Diarthrosen!

Die Gelenkähnlichkeit der Uncovertebralgegend wird durch die weiteren Veränderungen aber noch verstärkt: Der eben gebildete Faserknorpelbelag von Processus uncinatus und Gegenpol macht eine Art „Metaplasie" durch, indem er sich unter der Wirkung der „Gelenkfunktion" und der von ihm verlangten Leistungen in „hyalinen Gelenkknorpel" umwandelt, wie wir das in Abb. 31 erkennen können. Auf dieser Abbildung sieht man unten die spongiöse Spitze des Processus uncinatus und oben den Gegenpol des Nachbarwirbels. Beide sind von einer dicken Schicht hyalinen Knorpels, der gegen das Spaltlumen mit einer glatten Kontur abschließt, überzogen. Die Fasern im neugebildeten Knorpel

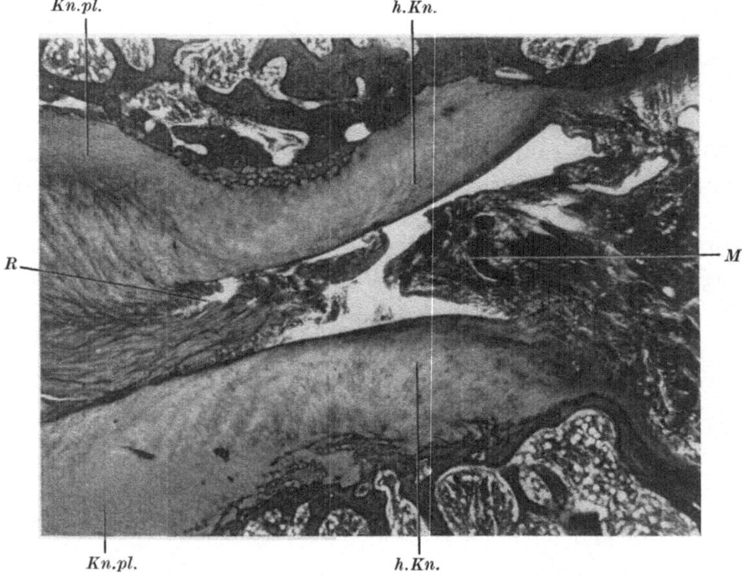

Abb. 31. Gelenkähnlichkeit der Uncovertebral-Region. Dicke, fast hyaline Knorpelpolster (*h. Kn.*) auf Processus uncinatus und Gegenpol, die nach links mit unscharfer Grenze in die Knorpeldeckplatte (*Kn. pl.*) übergehen. Scharf konturierte, glatte Spaltoberfläche. Plumper, von rechts her einwachsender Meniscus (*M*). Links sind außerdem Lamellen zu sehen, die in der Mitte gerissen sind (*R*) und damit das Weiterschreiten des Risses nach medial andeuten. (20jähriger Mann)

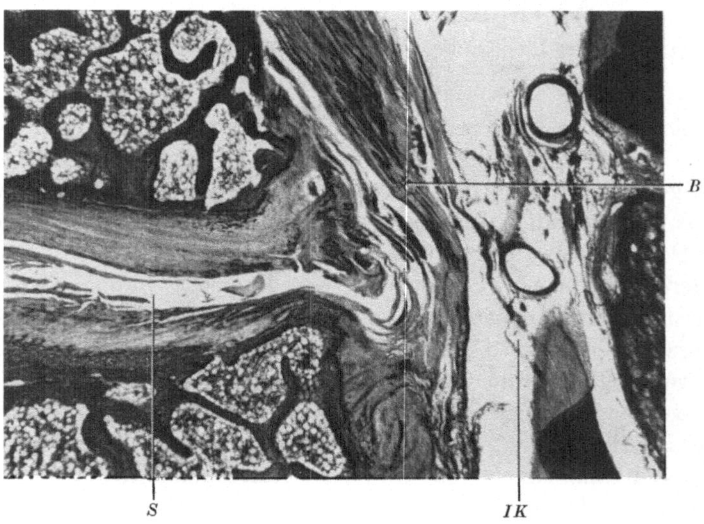

Abb. 32. Gelenkkapselartiger Abschluß des seitlichen Risses gegen den Intervertebralkanal. Beachte das straffe, fibröse Gewebe, das bandartig (*B*) von Wirbelkörper zu Wirbelkörper zieht und dabei das Spaltlumen (*S*) vom Intervertebralkanal (*IK*) trennt. (65jähriger Mann)

sind aber noch nicht vollkommen maskiert. Auch sind die Knorpelzellen noch groß und rund, so daß der neue „Gelenkknorpel" von der Knorpelgrundplatte, in die er nach links übergeht, leicht zu unterscheiden und abzugrenzen ist.

Im weiteren sieht man, wie sich aus dem paravertebralen Bindegewebe des Zwischenwirbelloches ein locker gebauter, gefäßreicher Gewebekeil in den Spaltraum einschiebt, der vorerst noch kurz und plump sein kann, durch Auswachsen aber zu einer langen Zunge wird und tief in den Gelenkspalt hineinhängt. Er bildet dann, ähnlich wie bei anderen Gelenken, einen meniscusartigen Gelenkeinschluß.

So resultiert schließlich ein anatomisches Gebilde, das an „Gelenkähnlichkeit" nichts mehr zu wünschen übrig läßt (Abb. 31): glatt begrenzter Gelenkraum, hyalinknorpeliger Belag an Processus uncinatus und Gegenpol (der Gelenkfacette Luschkas), meniscusartiger Gelenkeinschluß und häufig gelenkkapselähnliche, derbe Bänder, die das Gelenk gegen den Intervertebralkanal und dessen Inhalt abgrenzen: Auf Abb. 32 sieht man unten den von Faserknorpel überzogenen Processus uncinatus und oben den Gegenpol. Beide sind durch dicke Bänder aus straffem, kollagenem Bindegewebe, die im Knochen inserieren, miteinander verbunden.

Diese uncovertebralen Bandverbindungen übernehmen, ähnlich wie das ventrale Längsband vorn, die Aufgabe der seitlichen Verankerung benachbarter Wirbelkörper. Sie bilden dabei gleichzeitig eine Art Gelenkkapsel für das uncovertebrale „Halbgelenk", und begrenzen dessen Spaltraum gegen den Intervertebralkanal, in dem wir (Abb. 32) das Spinalganglion, die ventrale Wurzel und einige Gefäßanschnitte erkennen.

Die Entstehung der durchgehenden Spalten

In den vorangehenden Seiten haben wir gezeigt, wie in den seitlichen Spalten eine gewisse Glättung und Polierung zustande kommt, die diesen Bandscheiben-Abschnitten eine gewisse Ähnlichkeit mit Gelenken verleiht. Die Prozesse im Uncovertebralbereich kommen damit aber keineswegs zum Stillstand, vielmehr sind sie nur Durchgangsstadien zu weiteren Veränderungen.

Das wird deutlich, wenn man das mediale Ende der Spalte betrachtet, das nicht scharf durch irgendwelche Faserverstärkungen begrenzt wird (vgl. Luschka, Abb. 26), sondern spitz zwischen die aufgelockerten, aufgefransten Lamellen eindringt und damit seine Tendenz zum weiteren Vordringen anzeigt. Gelegentlich findet man auf den Schnittpräparaten kleinere Spaltbildungen im Innern (Abb. 33a), die durch Konfluieren mit den äußeren rasch an Größe zunehmen (Abb. 33b). Der Spaltraum wird schließlich durchgehend, womit ein neuer „Knick" in der Lebenskurve der Halswirbelsäule eingeleitet ist.

Die Halswirbelsäule in Abb. 34 zeigt eine solche in der Horizontalen halbierte Bandscheibe. Die Tatsache, daß sich der Riß so genau an die Bandscheiben-Mitte hält, erklärt sich wohl durch die schon oben erwähnte Falzbildung (s. S. 24). Die eine Hälfte gehört zum oberen, die andere zum unteren Wirbelkörper. Das Bewegungssegment wird nur noch durch die Längsbänder und im Bereich der Wirbelbogen zusammengehalten. Es resultiert daraus eine Lockerung, die der Beweglichkeit der Halswirbelsäule sehr zustatten kommt. Bei der Betrachtung von Abb. 34 drängt sich die Ähnlichkeit mit den Verhältnissen bei der Wirbelsäule der Amphibien auf. Bei diesen sind die einzelnen Bewegungssegmente durch echte Gelenke verbunden, die dadurch einen außerordentlich hohen Grad an Beweglichkeit erreichen (Abb. 35, aus THEILER 1950). Tatsächlich sind ja durch den schon besprochenen Zusammenschluß der Lamellenrißenden glatte Oberflächen entstanden, die sich bei den Rollbewegungen der Halswirbelsäule

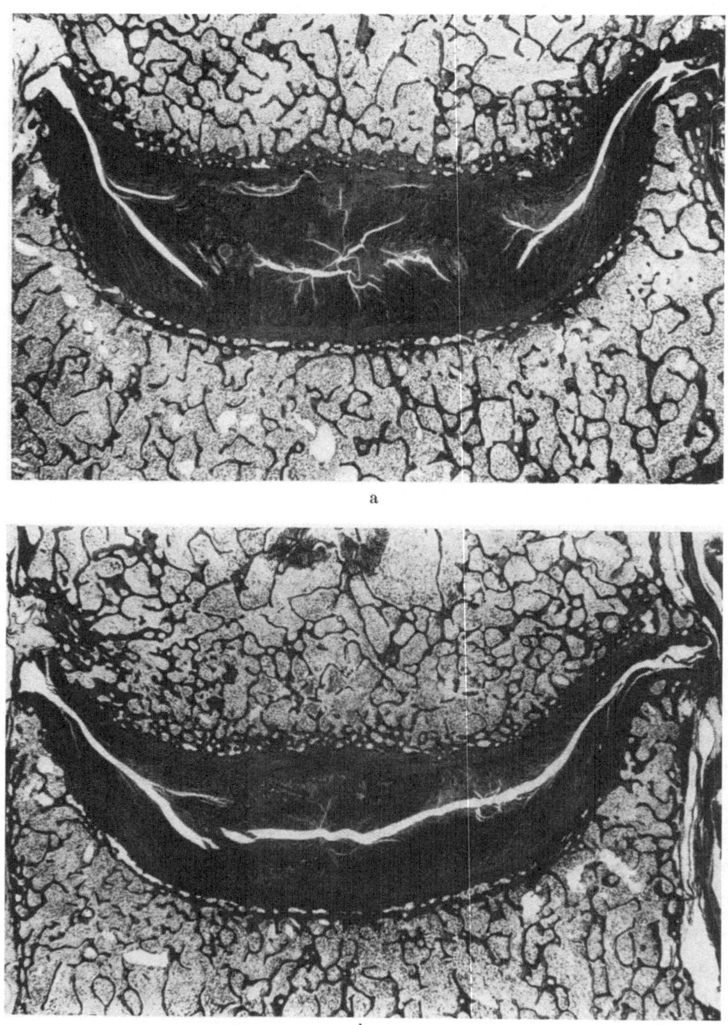

Abb. 33a u. b. Ausbreitung der seitlichen Risse. Die medialen Rißenden dringen spitz zwischen die Lamellen ein und streben auf das Rißlabyrinth im Innern zu. Schließlich kommunizieren die Risse, und nur wenige Lamellen leisten etwas länger Widerstand. Es resultiert ein glatter Spalt, der die Bandscheiben in der Horizontalen in zwei Hälften zerlegt, von denen die eine zum oberen, die andere zum unteren Wirbelkörper gehört. (92jährige Frau)

leicht gegeneinander verschieben können, wobei möglicherweise die Processus uncinati mit ihrem Faserknorpelbelag die Führung solcher Bewegungen in der Sagittalebene übernehmen.

Das Resultat des Einrisses aller Lamellen des Faserringes ist also eine starke Lockerung im Bewegungssegment, die noch erhöht wird durch den Verlust an Gallertkernmasse. Der durchgehende Spalt schafft eine Kommunikation zwischen Gallertkernhöhle und paravertebralem Gewebe, so daß die unter Druck stehenden Gallertmassen entweichen können. Die Bandscheibe sinkt wie ein „Pneu“, dem die Luft entweicht, zusammen. Die Gallertkernreste verfügen nicht mehr über die nötige Sprengkraft, eventuell noch erhaltene Lamellen gespannt zu halten, so daß es zum „Lottern“ kommt.

Wir verweisen auf Abb. 36, die solche Substanzaustritte zeigt. Die seitlichen

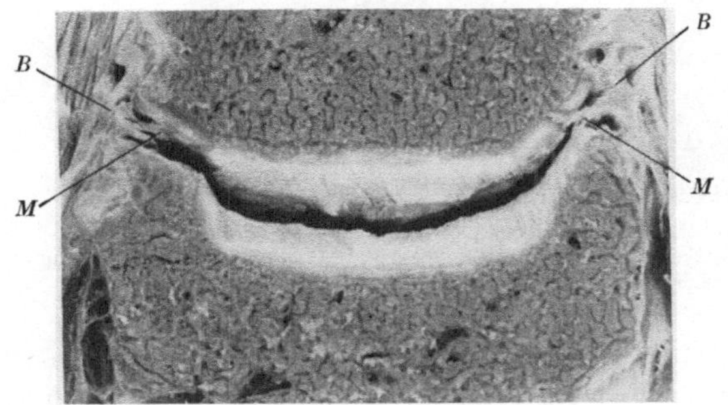

Abb. 34. Die Bandscheibe ist in der Horizontalen in zwei Hälften zerlegt, die auf dem oberen und unteren Wirbelkörper einen „Gleitbelag“ bilden. Außer durch die Längsbänder wird das Bewegungssegment nur noch durch die uncovertebralen Bänder (*B*) zusammengehalten. Man erkennt die in das Spaltlumen einragenden meniscusartigen Gewebekeile (*M*). (61jährige Frau)

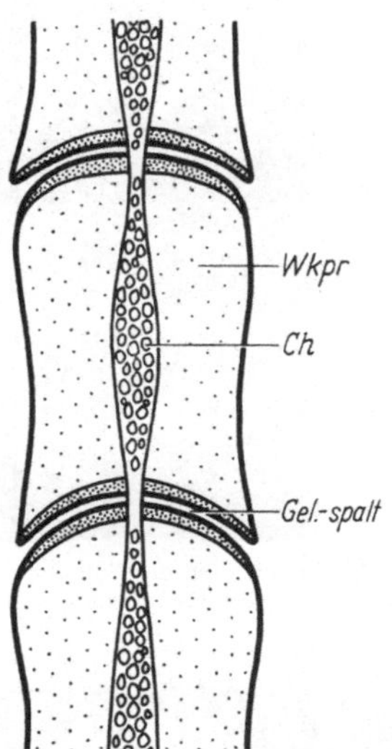

Abb. 35. Amphibien-Wirbelsäule. Triton alpestris. Durchlaufende, im Bereiche der Wirbelgelenke eingedellte Chorda (*Ch*). Die Wirbelkörper grenzen mit Gelenkkopf und -pfanne in einer echten Diarthrose aneinander, was eine große Beweglichkeit garantiert. (Frei nach GEGENBAUER: Vergleichende Anatomie der Wirbeltiere)

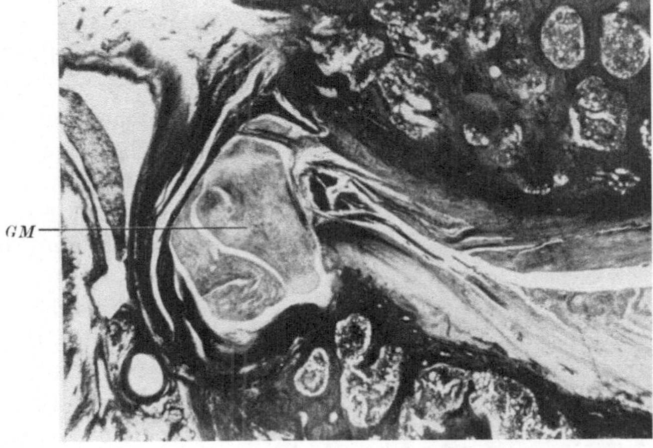

Abb. 36. Prolabiertes Gallertkerngewebe. Man erkennt die hellen, strukturlosen Massen (*GM*), die sich unter den uncovertebralen Bandverbindungen pilzartig vordrängen und nur von diesen zurückgehalten werden. Der Spalt kommuniziert im Innern mit der Gallertkernhöhle. (24jähriger Mann)

Risse stehen mit der Gallertkernhöhle im Innern in Verbindung. Die Nucleus pulposus-Massen sind bis ganz an die Peripherie der Bandscheiben getreten und werden dort durch die kräftigen, kapselähnlichen Uncovertebral-Bänder zurückgehalten. Die Bedeutung der Gallertkernprotrusion erschöpft sich aber nicht

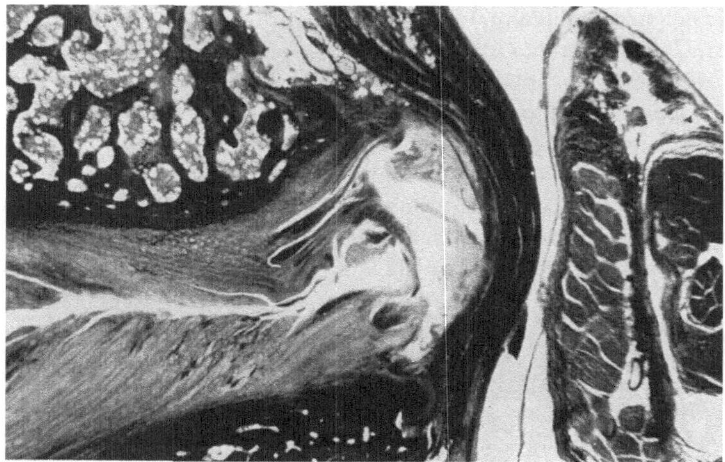

Abb. 37. Kompression des Spinalnervs durch die Bandscheibenhernie bei einem 24jährigen Mann. Die uncovertebralen Bänder werden vorgetrieben, und bewirken eine sichtbare Eindellung am Spinalnerven bzw. dessen ventraler Wurzel

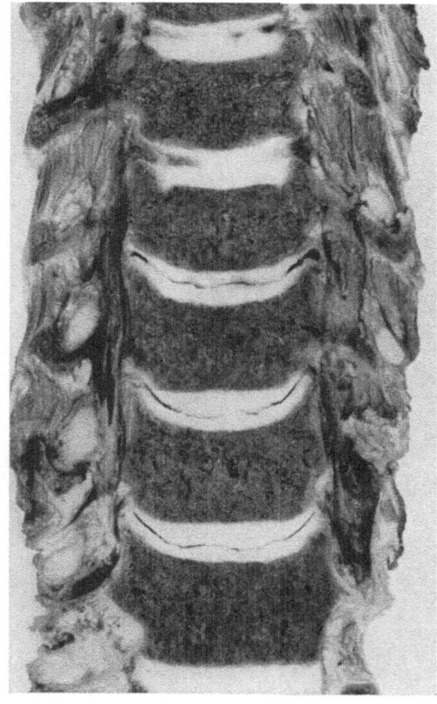

Abb. 38. Halswirbelsäule eines 33jährigen Mannes. Durchgehende Spalten bei sonst gut erhaltenen Bandscheiben. „Gelenkkapsel"-ähnliche, seitliche Bandverbindungen halten allein das Bewegungssegment noch zusammen

im Verlust der Sprengkraft allein (Abbildung 37). Deutlich erkennt man die nahe Beziehung der Discushernie zu den Wurzeln des Spinalnervs. Kompressionen sind an dieser Stelle also durchaus möglich. Ein so massives Vorquellen von Nucleusgewebe setzt aber einen guten Turgor und erhaltene Sprengkraft voraus. In unserem Material haben wir größere Prolapse und Bandscheibenhernien nur bei Jugendlichen gefunden; bei eingetrockneter Bandscheibe im höheren Alter fehlt, auch bei durchgehendem Riß, jeglicher Gewebeaustritt.

Dieser Verlust an Gallertkernmasse, sowie die beginnende Zermürbung, führen zu einer Verschmälerung der Bandscheiben: Die Halswirbelsäule eines 33jährigen Mannes (Abb. 38) weist durchgehende Spalten bei sonst gut erhaltenen Bandscheiben und intakten Knorpelplatten auf. Der Zusammenhang im Bewegungssegment wird, außer durch die Längsbänder, nur noch durch die seitlichen, „kapsel"-ähnlichen Bänder gewährleistet (besonders deutlich bei der meniscusfreien Bandscheibe $C_{4/5}$).

Die Verschmälerung des Intervertebralraumes kommt erst im a.p.-Bild zum Ausdruck (Abb. 39a). Die Wirbelkörper sind einander näher gerückt, so daß die

Processus uncinati mit dem nächsthöheren Nachbarwirbel in Beziehung treten. Unter dem Einfluß der direkten Druckwirkung beginnen sich die Processus uncinati „kuhhornartig“ nach der Seite auszubiegen. Es sieht aus, wie wenn der obere Wirbel dem unteren „in die geöffneten Arme sinken würde“ (BAERTSCHI).

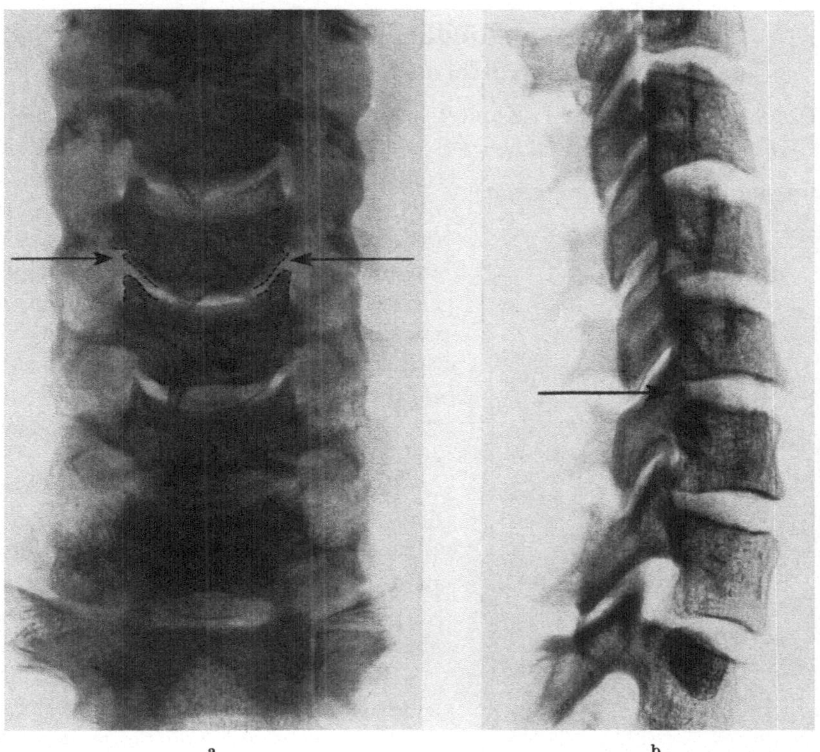

Abb. 39a u. b. a a.p.-Bild der Halswirbelsäule des 33jährigen Mannes in Abb. 38. „Kochtopfform“ der Halswirbelsäule. Die Wirbelkörper sind einander stark genähert und ineinandergeschachtelt, die Processus uncinati „kuhhornartig“ nach außen gebogen. Der Gegenpol zeigt eine den Processus uncinatus dachartig überragende Gelenkfacette (Pfeil). b Seitliche Aufnahme der Halswirbelsäule des 33jährigen Mannes in Abb. 38. Die Bandscheiben sind allgemein etwas niedrig. Bei der 4. Bandscheibe $C_5/_6$ erkennt man neben diskreter Deckplattensklerose und angedeuteten ventralen Randwülsten einen Knick in der Lordose (Pfeil), über welchem die übrige Wirbelsäule gerade gehalten wird (sog. Güntzsches Zeichen)

Röntgenologisch wird ein solcher Zustand der Halswirbelsäule, im Gegensatz zur normalen „Stativform“, als „Kochtopfform“ bezeichnet (signe des casserolles entassées). In der Tat besteht eine gewisse Ähnlichkeit mit einem Stoß übereinandergeschichteter Kochtöpfe. Auch am Gegenpol können bereits Reaktionen in Form von kleineren Zacken auftreten (besonders C_4 links). Wir werden darauf zurückkommen, wenn wir die uncovertebralen Veränderungen im Zusammenhang besprechen.

Die starke Lockerung in den Bewegungssegmenten kommt im seitlichen Röntgenbild zum Ausdruck im sog. Guentzschen Zeichen (Abb. 39b): Außer einer allgemeinen Verschmälerung der Intervertebralräume, einer geringfügigen

Deckplattensklerose und Randzackenbildung auf Höhe der vierten Bandscheibe $C_{5/6}$ erkennt man gerade hier einen Knick in der Lordose, während der darüberliegende Teil der Wirbelsäule geradegehalten wird. Diese Geradehaltung über dem gelockerten Bewegungssegment ist ein röntgenologisches Frühzeichen der Osteochondrose.

Unterschiedliches Verhalten der oberen und unteren Zwischenwirbelscheiben

Die im vorangehenden Kapitel beschriebene Verschmälerung des Intervertebralraums, das Entweichen von Gallertkernmasse und die resultierenden röntgenologischen (und eventuell klinischen) Symptome sind bereits als Altersveränderungen in der engeren Bedeutung des Wortes aufzufassen. Es wäre nun ein leichtes, das Fortschreiten dieser Veränderungen, die zunehmende Zermürbung bis zum völligen Schwund der Bandscheiben Stufe um Stufe zu verfolgen und sie abschließend in ihrer stärksten Ausprägung beim greisen Menschen zu beschreiben.

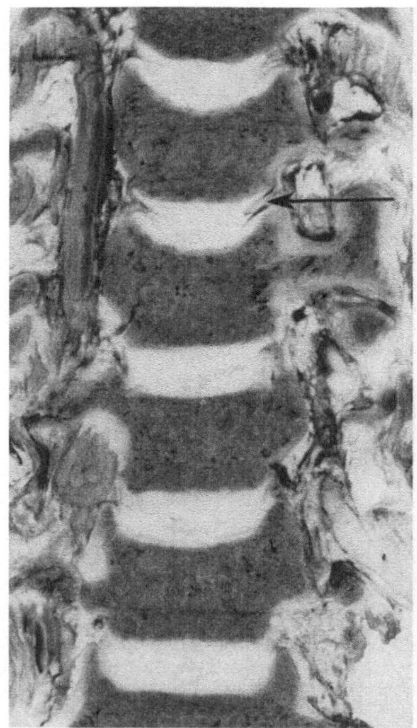

Abb. 40. Halswirbelsäule eines 25jährigen Mannes. Beginnende seitliche Rißbildung an den oberen beiden Bandscheiben. Deutliche Menisci besonders bei der zweiten Bandscheibe (Pfeil). Beginnende Zerklüftung bei den noch hohen und weißen unteren Bandscheiben im Innern eben erkennbar. Seitliche Risse fehlen noch vollkommen

Bei der vergleichenden Untersuchung der uns zur Verfügung stehenden Halswirbelsäulen stellte es sich heraus, daß Präparate mit durchgehend gleichartig veränderten Bandscheiben, von denen Abb. 38 ein Beispiel zeigt, sehr selten sind.

Weitaus in der Mehrzahl der Fälle unterscheiden sich die Veränderungen der oberen 2—3 Bandscheiben von denjenigen der unteren 2, eine Unterscheidung, die besonders hinsichtlich der ersten Altersveränderungen berechtigt ist. Erst bei stark vorangeschrittener Zermürbung treten die Unterschiede zurück.

Auf S. 27 haben wir darauf hingewiesen, daß die für die Halswirbelsäule so charakteristischen seitlichen Spalten im Uncovertebralbereich zuerst in den oberen Zwischenwirbelscheiben auftreten, während sie in den unteren erst viel später oder überhaupt nicht erscheinen. Dies soll nochmals an Hand eines Beispieles, das von einem jugendlichen Erwachsenen stammt, in Erinnerung gerufen werden (Abb. 40): Die beiden oberen Bandscheiben, besonders die zweite, $C_{3/4}$, zeigen deutlich die bilateralen uncovertebralen Spalten. Auch die meniscusartigen Gewebekeile, die in den Spaltraum hineinragen, sind mühelos zu erkennen. Den unteren drei Bandscheiben hingegen fehlen seitliche Rißbildungen. Auf den ersten Blick erscheinen sie besser erhalten, gewissermaßen „gesünder“

als die oberen und erinnern an das in Abb. 16 reproduzierte Präparat eines 20jährigen. Erst bei genauerem Zusehen fallen feine konfluierende Rißlinien im Innern auf, die uns beweisen, daß diese unteren Bandscheiben von involutiven Prozessen ergriffen worden sind und bereits den Keim zukünftiger Alterung in sich tragen.

Die Röntgenaufnahmen (Abb. 41a und b) lassen von den diskreten Bandscheiben-„Läsionen“ noch nichts ahnen: Die Intervertebralräume sind hoch und reaktive Veränderungen am Knochen fehlen noch vollkommen.

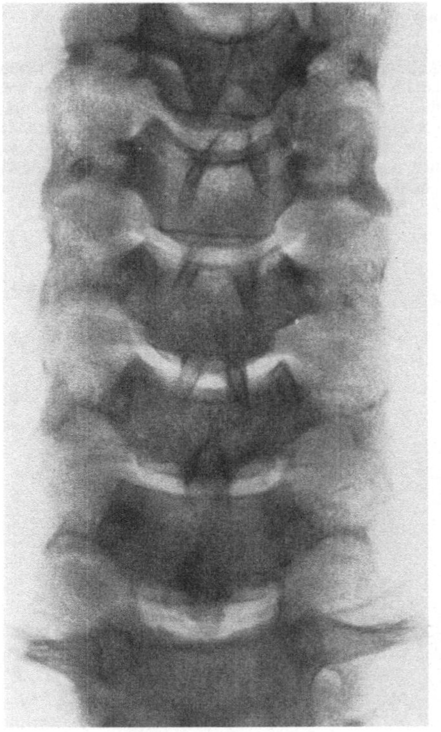

a

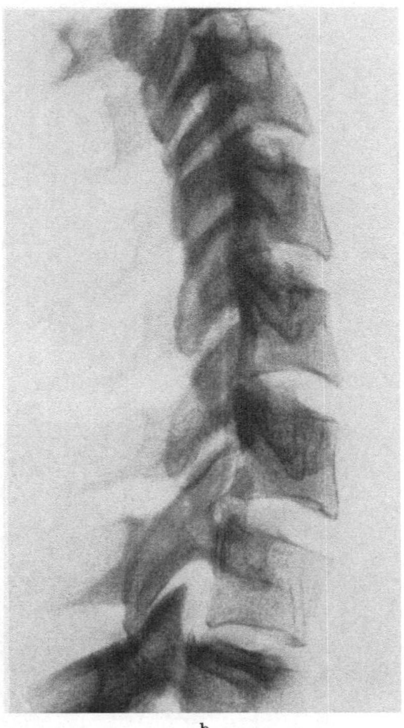

b

Abb. 41a u. b. Röntgenaufnahmen der Halswirbelsäule des 25jährigen Mannes in Abb. 40. Von den leichten Veränderungen, die wir auf Abb. 40 gefunden haben, läßt sich auf den Röntgenbildern gar nichts erkennen. Die sekundären Erscheinungen am Knochen fehlen noch vollkommen

Ein weiter fortgeschrittenes Stadium zeigt Abb. 42, die von der Halswirbelsäule eines 51jährigen Mannes stammt. Sowohl die oberen als auch die unteren Bandscheiben haben sich auf die für sie charakteristische Art weiter verändert: Die seitlichen Risse in den oberen, im übrigen gut erhaltenen Bandscheiben haben sich zu durchgehenden, einheitlichen Spalten vereinigt (bei $C_{3/4}$ als feine Linie eben erkennbar), während die unteren Bandscheiben, außer den lateralen uncovertebralen Spalten, ein eigentliches Rißlabyrinth im Innern erkennen lassen, das zu Zerklüftung und Zerstörung des „inneren Bandscheibengefüges“ geführt hat. Die resultierende Verschmälerung des Intervertebralraumes ist bei $C_{5/6}$ leicht zu sehen und wird im a.p.-Bild (Abb. 43a) besonders deutlich: Zur Verschmälerung des Bandscheibenraumes kommt hier noch eine ausgeprägte

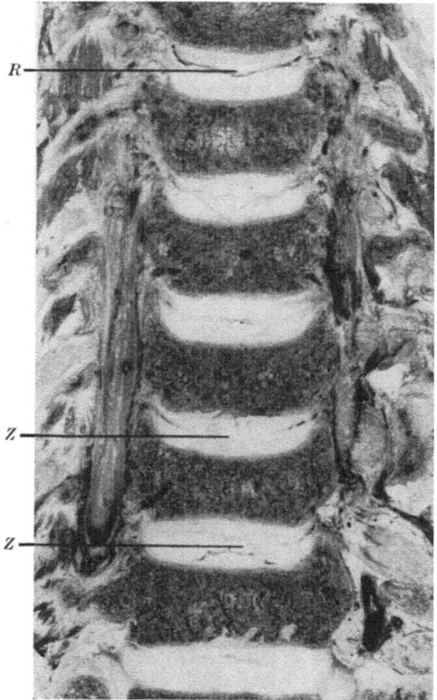

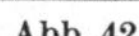
Abb. 42

Abb. 42. Halswirbelsäule eines 51 jährigen Mannes. Oberste Bandscheiben mit glatt durchgehendem Riß (*R*), bei der zweiten nur fein angedeutet. Bei den unteren zwei Halsbandscheiben fehlen seitliche Risse, dafür Zermürbung(*Z*)im Innern

Abb. 43a u. b. Röntgenaufnahmen der Halswirbelsäule eines 56jährigen Mannes, die ähnliche Veränderungen zeigte wie diejenige in Abb. 42. a a.p.-Bild: Die drei oberen Bandscheiben unverändert. Bei der vierten $C_{5/6}$ deutliche Osteochondrose (Pfeil). b Seitliches Bild: Obere drei Bandscheiben o. B. Vierte Bandscheibe Osteochondrose. Subluxation von C_5 nach hinten. Knick der Lordose auf dieser Höhe (Pfeil)

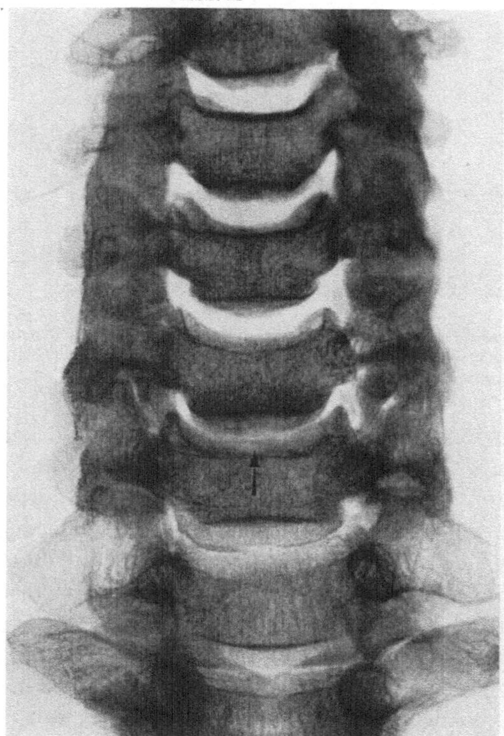
Abb. 43 a

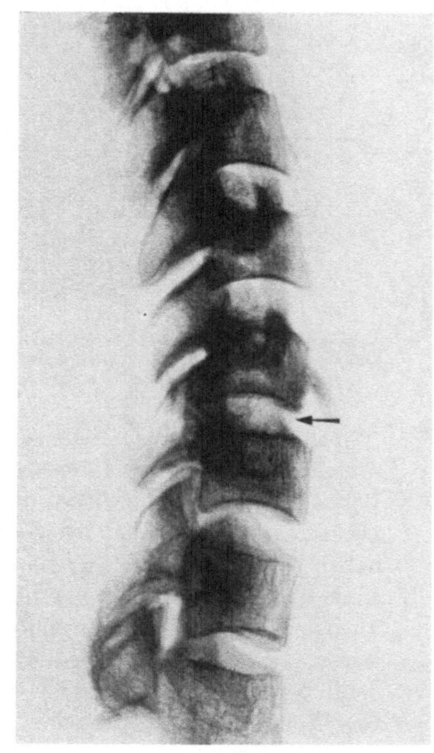
Abb. 43 b

Sklerose der Deckplatten hinzu. Charakteristisch ist das seitliche Bild (Abb. 43 b), das außer der Bandscheibenverschmälerung einen deutlichen Unterbruch der Lordose, sowie eine Subluxation von C_5 nach hinten zeigt, was für eine starke Zermürbung und Lockerung im Bewegungssegment kennzeichnend ist. Die oberen drei Bandscheiben mit dem mehr oder weniger glatt durchgehenden Spalt zeigen in den Röntgenaufnahmen ein normales Verhalten; demnach sind sie in bezug auf Altersveränderungen von den

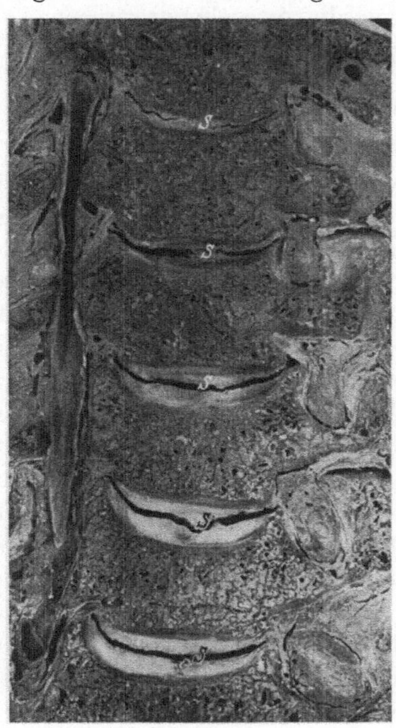

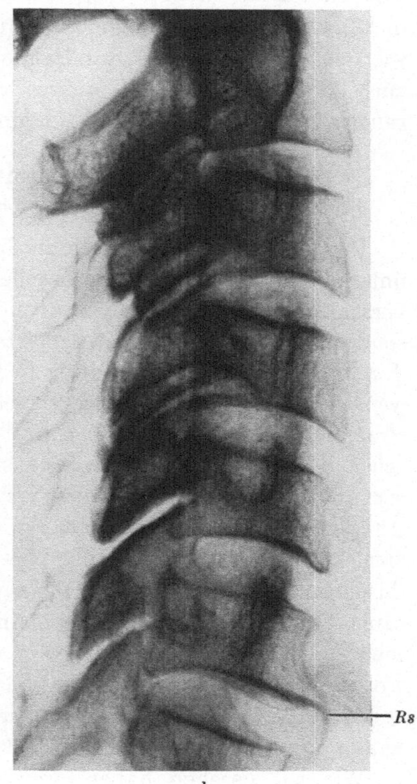

Abb. 44 a u. b. Halswirbelsäule eines 84jährigen Mannes mit seitlichem Röntgenbild. Ausnahmsweise zeigen hier alle Bandscheiben einheitliche, in der Mitte durchgehende Spalten (*S*). Gerade bei den unteren fällt der im Vergleich zum hohen Alter sehr gute Erhaltungszustand auf. Entsprechend fehlt im Seitenbild fast jede Spur einer Osteochondrose. Nur der spondylotische Randschnabel (*Rs*) bei C_6 weist auf die starke Lockerung im Bewegungssegment hin

schwerer geschädigten unteren Bandscheiben gewissermaßen „überholt" worden. Der „Vorsprung" vergrößert sich mit zunehmendem Alter zuungunsten der unteren Bewegungssegmente immer mehr. Wir werden diesen Sachverhalt in der Folge immer wieder bestätigt finden.

Es besteht kein Zweifel, daß die große Beweglichkeit gerade in diesen unteren Segmenten zu einer rascheren Abnützung der Gewebe führt. Anderseits gewinnt man aus den beschriebenen Verhältnissen den Eindruck, daß sich die frühzeitige Entstehung eines durchgehenden Spaltes für die Erhaltung der daraus hervorgehenden Bandscheibenspalthälften günstig auswirkt. Die weitgehende Glättung der Rißoberfläche (Abb. 34) läßt uns auf ein fast reibungsloses, schonendes Gleiten schließen, so daß die Zermalmungsprozesse, denen die unteren Bandscheiben mit ihren „brekzien“-artigen Schollen im Innern zum Opfer fallen, hintangehalten werden.

In diesem Sinne läßt sich auch das folgende Beispiel deuten: Die Halswirbelsäule in Abb. 44a stammt von einem 84jährigen (!) Mann und läßt auffallend gut erhaltene Bandscheiben erkennen, die alle gleichartig verändert sind und ohne Ausnahme einen durchgehenden glatten Riß aufweisen. Dieser hat offenbar nicht nur zu hoher Beweglichkeit und Lockerung im Bewegungssegment geführt, wie der spondylotische Randschnabel in Abb. 44b andeutet, sondern hat sich auch „materialschonend“ ausgewirkt, denn die osteochondrotischen Veränderungen im Röntgenbild sind für einen 84jährigen außerordentlich gering!

Allgemeine Bemerkungen zu den Altersveränderungen der Wirbelsäule

Im vorhergehenden Abschnitt haben wir zeigen können, daß sich obere und untere Bandscheiben der Halswirbelsäule in bezug auf ihre Altersveränderungen verschieden verhalten, und zwar nicht nur in den Anfangsstadien (Abb. 40, 42), sondern auch in ihrem weiteren Ablauf. Während die oberen Bandscheiben, die durch die transversalen Spalten in zwei Teile zerlegt sind, nur langsam schmäler werden und schließlich ganz verschwinden können, verlaufen die zerstörenden Prozesse in den Bandscheiben der unteren Segmente viel rascher und dramatischer. Charakteristische Zwischenstufen lassen sich hier leichter fassen, so daß sich die unteren Bandscheiben zur weiteren Beschreibung der fortschreitenden Altersveränderungen besonders gut eignen. Die Prozesse, die sich dabei abspielen und die in den Abb. 47—52 gezeigt werden, entsprechen im übrigen durchaus den Vorgängen, wie sie Töndury für andere Abschnitte der Wirbelsäule — u. a. auch im Zusammenhang mit der Bandscheibenhernie beim Dackel — mehrmals beschrieben hat. Wir wollen deshalb den Ausführungen über die Vorgänge in der Halswirbelsäule einige allgemeingültige Betrachtungen über die Gesetzmäßigkeiten des Alterungsprozesses der Wirbelsäule voranstellen und halten uns dabei an die Angaben von Töndury (1944, 1953, 1955 und 1956).

Wie wir gesehen haben, werden die von dorsolateral in die Bandscheibe eindringenden Blutgefäße nach der Geburt frühzeitig zurückgebildet, so daß sie bis zum vierten Lebensjahr unter Zurücklassung einer gewissen Auflockerung im Gefüge der dorsolateralen Teile des Lamellenringes bis auf ganz periphere Reste verschwunden sind. Bedeutsamer als diese Schwächung der Lamellen ist die dadurch bedingte Verschlechterung der Stoffzufuhr: Die Bandscheiben werden nicht mehr direkt mit Blut versorgt, sondern sind in der Stoff- und Wasserzufuhr allein auf Diffusion aus der Umgebung angewiesen. Der dadurch bedingte mühsame Stoffaustausch führt rasch zu Involutionsvorgängen, die zuerst den Gallertkern betreffen.

Töndury beschreibt (1953) den normalen Gallertkern der Dackelbandscheibe, bei der die einzelnen Bauelemente besonders klar gegliedert sind, als wenig differenzierte, pralle, wasserreiche Gallertmasse, die außer einem dürftigen Zellreticulum nur wenige Fasern enthält. Der strukturarme, gut turgeszierte Nucleus pulposus läßt sich von der Umgebung gut abgrenzen. Die gespannten, innersten Lamellen der Innenzone des Faserringes umgeben ihn in Form von konzentrischen Schalen (Abb. 45).

Mit zunehmendem Alter nimmt der Turgor ab, eine Änderung, die sich beim Dackel schon im dritten bis sechsten Lebensjahr bemerkbar macht. Mit Verminderung seines Quellungsdruckes schwindet aber gleichzeitig auch seine Sprengkraft mehr und mehr. Der Gallertkern schrumpft und löst sich nach und nach von der Umgebung ab. Auch seine innere Struktur ändert sich, eine homogene Trübung tritt auf, bedingt durch Einlagerung von Nestern wuchernder Knorpelzellen mit folgender Verkalkung, was auf Abb. 46 in besonders drastischer Weise zu sehen ist. Diese Vorgänge schreiten von der Peripherie gegen das Zentrum vor und erfassen schließlich den ganzen Gallertkern. Unabhängig von ihrer Funktion und dem Grad ihrer Belastung wird die ganze Wirbelsäule in ein Geschehen einbezogen, das endogen bedingt ist. Individuelle, konstitutionelle Momente kommen dabei voll zur Wirkung, so daß wir im Erscheinungsbild der Veränderungen, sowie in ihrem Ablauf und in den zeitlichen Verhältnissen große Unterschiede erwarten dürfen. Durch die Eintrocknung und die geweblichen Metamorphosen wird aber die Elastizität der Wirbelsäule stark vermindert, so daß schon normale Beanspruchung, besonders aber Überbelastungen rasch zu Schädigungen führen können. Die Lamellen des Faserrings stehen infolge des herabgesetzten Turgors des Gallertkerns nicht mehr unter Zugspannung, was eine Lockerung im Bewegungssegment bedingt (JUNGHANNS). Stöße können nicht mehr „weich" aufgefangen werden, sondern setzen die Fasern plötzlichen und heftigen Zerrungen aus, denen das Material nicht gewachsen ist. Es resultieren Ermüdungsschäden und Verschleiß am überbeanspruchten Bandapparat: Zuerst zeigen die inneren Lamellen Abnützungserscheinungen wie Auflockerung, Ausfaserung, Rißbildungen und Verfärbungen infolge Einlagerung eines eisen- und fettfreien Pigmentes. Diese Verfärbung setzt voraus, daß außer den Spalt-

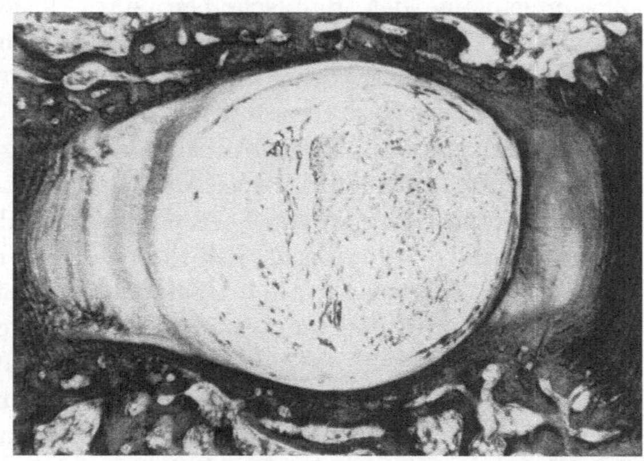

Abb. 45. Bandscheibe beim jugendlichen Dackel. Klare strukturelle Gliederung. Wasserreicher, gut turgeszierter Gallertkern, deutlich vom Faserring abgegrenzt. (TÖNDURY 1952)

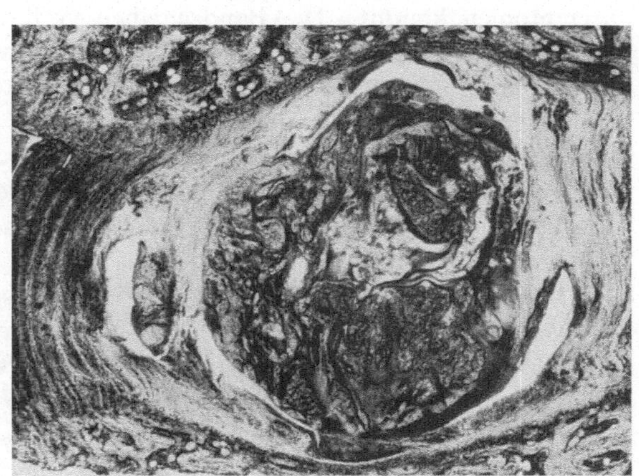

Abb. 46. Bandscheibe eines älteren Dackels. Gallertkern trocken, geschrumpft, von der Umgebung abgelöst. Homogene Trübung, von Knorpelzellnestern durchsetzt. Faserlamellen entspannt, welliger Verlauf. (Aus TÖNDURY 1952)

bildungen auch Knorpelplattendefekte und „angiomatöse“ Wucherungen vorhanden sind (GUENTZ). Die Risse breiten sich mehr und mehr aus und bilden bald ein weit verzweigtes System kommunizierender Spalträume, die den inneren Zusammenhang der Bandscheiben stark lockern. Schließlich werden ganze Sequester von nekrobiotischen Lamellenfragmenten herausgelöst, die bei der bestehenden Überbeweglichkeit im Bewegungssegment zwischen den Wirbelendplatten rasch zermalmt werden.

Auch die Knorpelplatten bleiben von Schädigungen nicht verschont. Kontinuitätsunterbrüche in der Knorpelplatte können bei gut turgesziertem Gallertkern zu Verlagerung von Bandscheibengewebe in die Spongiosaräume der Wirbelkörper führen (Schmorlsche Knötchen). Anderseits gestatten Lücken in den Knorpelplatten aber auch den Übertritt von Gefäßbindegewebe aus dem Wirbelkörper in den Intervertebralraum und ermöglichen damit einen Ersatz des geschädigten Gewebes durch junges, gut durchblutetes Bindegewebe.

Infolge der Substanzverluste durch Gallertkernverlagerung und der Zermürbung (= Chondrose) werden die betroffenen Zwischenwirbelräume niedriger. Das Zusammensinken der Bandscheiben, das röntgenologisch relativ früh feststellbar ist, hat ein gegenseitiges Näherrücken der Wirbelkörper und ihrer Bogen zur Folge, wodurch die Zwischenwirbellöcher eingeengt werden. Die Einengung kann durch arthrotische Veränderungen der Wirbelgelenke, Fehlstellungen derselben, Kapselverdickungen usw. so verstärkt werden, daß es zu neurologischen Symptomen kommt. Die Bandscheiben verlieren mit zunehmender Chondrose die Fähigkeit, Stöße elastisch aufzufangen. Stoßkräfte können direkt auf den ungepolsterten, ungeschützten Knochen einwirken, der darauf mit Sklerosierung reagiert. Diese ist besonders dann ausgeprägt, wenn die Wirbelkörper bei vollkommen zermürbter Bandscheibe unmittelbar knöchernen Kontakt haben. Neben der Bandscheibenverschmälerung und der Randzackenbildung stellt die Deckplattensklerose ein drittes, röntgenologisch feststellbares Symptom der Osteochondrose dar.

In enger Verbindung mit der Osteochondrose treten Symptome der Spondylosis deformans auf, wenn auch in der Schwere der beiden Geschehen keine Parallelität besteht. Im Gegenteil scheint starke und rasch entstehende Osteochondrose von nur geringfügiger Spondylose begleitet zu sein.

Nach JUNGHANNS entstehen die spondylotischen Randwülste ungefähr nach folgendem Mechanismus: Das ventrale Längsband überspringt frei die Bandscheiben und inseriert mit Sharpeyschen Fasern am Wirbelkörper jenseits der Randleiste. Wenn Zermürbungen in der Bandscheibe eingesetzt haben und insbesondere der Randleistenanulus Risse aufweist, wird der Zusammenhang im „gelockerten Bewegungssegment“ nur mehr durch die Längsbänder gewährleistet; diese werden über Gebühr gezerrt. Die Zerrungen führen an der oben beschriebenen Insertionsstelle des Längsbandes zu Knochenwulstbildungen. Dieser Erklärung gemäß sind also Randwülste nur im Bereiche des ventralen Längsbandes — am ventralen und seitlichen Umfang der Wirbelkörper — zu finden.

Ebenfalls in Abhängigkeit von der Osteochondrose kommt es zu arthrotischen Veränderungen der kleinen Wirbelgelenke. Auch hier fehlt eine leicht durchschaubare, gesetzmäßige Beziehung zwischen den beiden Geschehen. Wir finden

Knorpelusuren, Knorpeldefekte, an der gegenüberliegenden Gelenkfläche eventuell kompensatorische Knorpelwucherungen, Sklerose der Gelenkfortsätze, Randwulstbildungen usw.

Noch einige Worte zu den reparatorischen Vorgängen in der Bandscheibe. Wie wir ausgeführt haben, kann es im Verlaufe der Involutionsvorgänge der Bandscheiben zu völliger Zermalmung und schließlich zum Schwund der Bandscheiben kommen. In den meisten Fällen setzen aber bereits vor Erreichen dieses Stadiums Reparationsversuche ein. Brüche und Risse in der Knorpelplatte, mit oder ohne Bandscheibenprolaps, gewähren dem organisierenden Gefäßbindegewebe aus den Markräumen Zugang zur schwerbeschädigten Bandscheibe. Die Gefäßbäumchen dringen in die Bandscheibenüberreste ein und breiten sich darin wie „Wurzeln im Erdreich" aus. Je nach Gefäß- oder Faserreichtum des „Narbengewebes" spricht man von „Vascularisation" (rot), oder „Fibrose" (weißlich-glänzend) der Bandscheiben. Häufig zuerst herdförmig an den anlagemäßig schwachen Stellen der Bandscheiben lokalisiert — von Bandscheibengewebsresten scharf abgrenzbar —, wird bald die ganze Bandscheibe durchwuchert, wobei die beiden Wirbelkörper gegeneinander verankert werden (fibröse Ankylosierung). Die Knorpelplatte kann dabei fast völlig erhalten bleiben. Das einwuchernde Gefäßbindegewebe kann Osteoblasten mitbringen, so daß Spongiosainseln in der Bandscheibe auftreten, die schließlich benachbarte Wirbelkörper durch Spongiosabrücken — eventuell mit Bandscheibenresten im Innern — zu Blockwirbeln verschmelzen. Prinzipiell den gleichen Vorgang finden wir bei der physiologischen Verschmelzung der Kreuzbeinwirbel (SCHWABE).

Ein Blockwirbel ist ungefähr um Bandscheibenhöhe niedriger als das ursprüngliche Bewegungssegment. Das Zwischenwirbelloch wird daher eingeengt. Nicht nur bei kongenitalen, sondern auch bei erworbenen Blockwirbeln kommt es häufig, infolge der Ruhigstellung, zu Synostosierung der kleinen Wirbelgelenke. Bei der absoluten Ruhigstellung des Bewegungssegmentes können spondylotische Randzacken wieder verschwinden. Die knöcherne Ankylosierung oder Blockwirbelbildung stellt das Optimum eines „Heilungsversuches" der Osteochondrose dar. Die funktionelle Beeinträchtigung ist, wenn nur wenige Segmente betroffen sind, sehr gering.

Altersveränderungen der Halszwischenwirbelscheiben

Um die Prozesse kennenzulernen, die sich an den Halsbandscheiben abspielen, richten wir unser Augenmerk vor allem auf die unteren Bandscheiben, da sie hier besonders rasch und eindrücklich ablaufen. Die beiden unteren Zwischenwirbelscheiben des in Abb. 47 wiedergegebenen Frontalschnittes durch die Halswirbelsäule eines 70jährigen Mannes zeigen ein für den Beginn der Altersvorgänge charakteristisches Verhalten. Seitliche Risse, wie sie in den oberen Bandscheiben zu sehen sind, fehlen in den unteren vollständig. Die Lamellen sind verfärbt, entspannt und aufgelockert und lassen eine „inverse" Scheitelbildung nach medial deutlich erkennen. Es ist, wie wenn sie durch das „Vacuum", das durch den Gallertkernschwund entstanden ist, „angesaugt" würden, ein Verhalten, das TÖNDURY in Bandscheiben mit prolabiertem Gallertkern beim alternden Dackel (1953) beschrieben hat. Die Sternform der Risse im Innern läßt ihre Ausbreitung innerhalb der Lamellenzwischenräume erraten.

Laterale Spalten beschränken sich aber durchaus nicht immer auf die oberen Bandscheiben, sondern treten auch in den unteren auf. Sie treffen hier aber bei ihrer Ausbreitung im Innern nicht auf gesunde Lamellen, sondern auf zerklüftetes, morsches Gewebe (Abb. 48): Während in den oberen vier Bandscheiben scharf begrenzte seitliche Spalten zu sehen sind, die weit gegen das

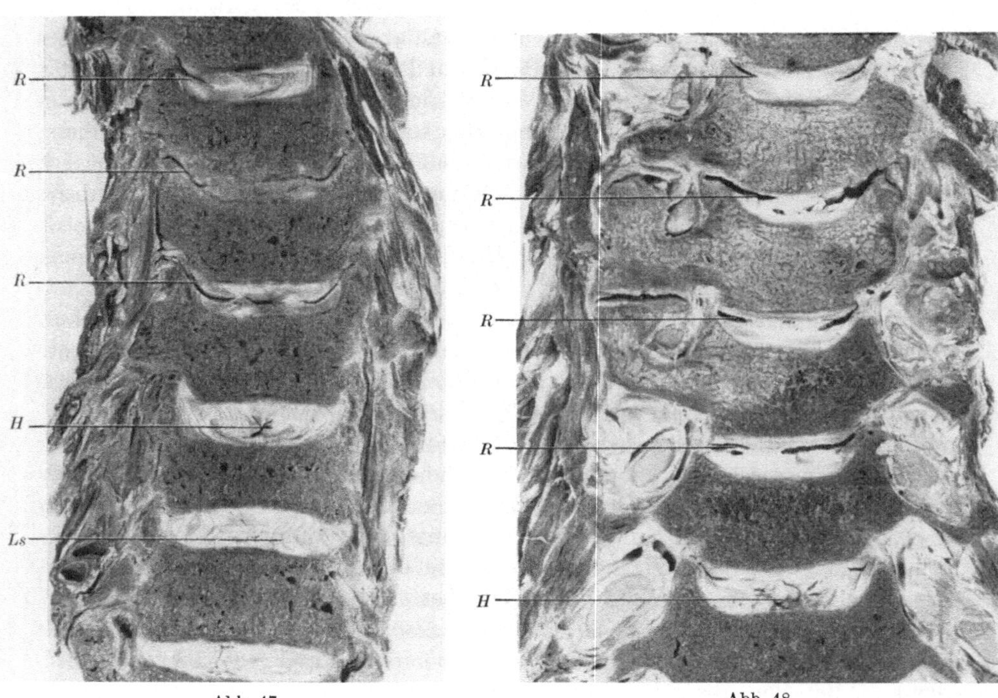

Abb. 47 Abb. 48

Abb. 47. Halswirbelsäule eines 70jährigen. Bei den oberen Bandscheiben stehen die seitlichen Risse (*R*) im Vordergrund. (Zweite ausnahmsweise besonders stark verändert.) Bei den unteren zwei Halsbandscheiben fehlen seitliche Risse, dafür sternförmige Höhle (*H*) im Innern, die sich längs den Lamellenzwischenräumen ausbreitet. Bei $C_6/_7$ erkennt man die nach medial gerichteten Lamellenscheitel (*Ls*)

Abb. 48. Halswirbelsäule eines 50jährigen Mannes. Die oberen vier Bandscheiben zeigen glatte seitliche Spalten bei relativ gut erhaltenem Zentrum (*R*). Umgekehrt sind bei der untersten Bandscheibe seitliche Spalten nur angedeutet, während das Innere sternförmig verzweigte Risse und verfärbte Lamellen zeigt (*H*)

kompakte Zentrum vorgedrungen sind, ist das „innere Bandscheibengefüge" von C_7/Th_1 schon stark zerstört, was in der sternförmigen Spaltbildung und der Verfärbung der Lamellen zum Ausdruck kommt. Auch bei fortgeschrittener Involution bleibt also der Unterschied zwischen dem Verhalten der oberen und demjenigen der unteren Bandscheiben noch lange Zeit erhalten, wobei sich die mittlere — dritte — Bandscheibe ($C_4/_5$) in ihrem Aspekt bald mehr den oberen, bald mehr den unteren angleicht. Gelegentliche Ausnahmen von dieser Faustregel dürfen uns nicht überraschen.

Durch Konfluieren der Risse im Innern kommt es schließlich zur Sequesterbildung (Abb. 49 und 50). Die aus dem Zusammenhang herausgelösten Gewebebrocken werden rasch nekrobiotisch: Eingelagert in einer homogenen, roten Masse finden sich zahlreiche Nester wuchernder (isogener) Knorpelzellen, die sich mit einer Knorpelkapsel umgeben. In völlig nekrotischen Abschnitten fehlen Zellen ganz. Bei den ausgiebigen Bewegungen in den gelockerten Segmenten werden die Gewebebrocken zwischen den knorpeligen Wirbeldeckplatten, wie zwischen Mühlsteinen rasch zermalmt. In der fünften Bandscheibe der in Abb. 51 reproduzierten Wirbelsäule sind nur noch wenige Überreste der sonst völlig durchgescheuerten Bandscheibe zu erkennen. Auch in den oberen drei Bandscheiben ist die Zermürbung weit vorangeschritten; bei $C_{2/3}$ erreicht sie ihr Maximum: die ganze Bandscheibe samt ihren Knorpelplatten ist durchgerieben und verschwunden, so daß die knöchernen Siebplatten aufeinander reiben. Wenn in der knöchernen Endplatte nicht rechtzeitig eine starke Sklerosierung einsetzt, die den Wirbelkörper mit einer compactaähnlichen Schicht bedeckt, so grenzen seine Markräume offen an den Bandscheibenraum. Unter der mechanischen Einwirkung verändert sich das blutbildende Mark rasch: Die Blut- und Fettzellen verschwinden und weichen

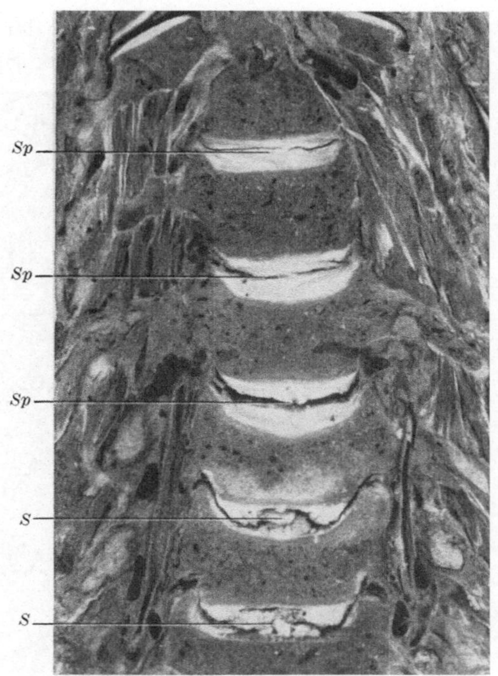

Abb. 49. Halswirbelsäule eines 50jährigen Mannes. Durch Konfluieren der Spalten ist es zu Sequesterbildung gekommen. Man erkennt die losgelösten Knorpelbrocken im Innern der Bandscheibe (*S*). Bei den oberen drei Bandscheiben glatt durchgehende Spalte (*Sp*)

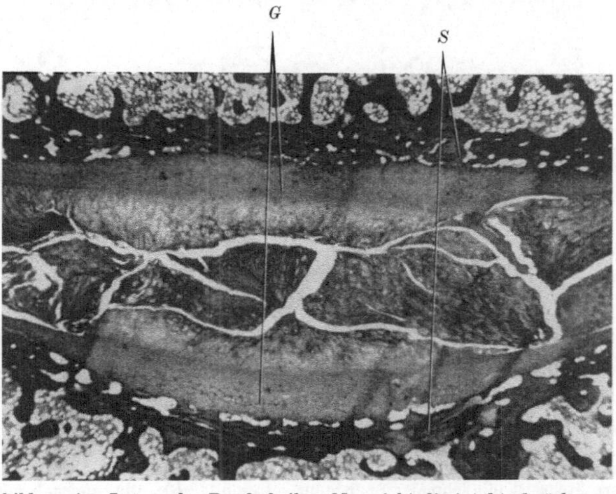

Abb. 50. Sequesterbildung im Innern der Bandscheibe. Man sieht die intakte knöcherne Siebplatte (*S*) und die knorpelige Grundplatte (*G*). Im Innern verfärbte Brocken nekrobiotischen Faserknorpels. (43jähriger Mann)

einem fibrösen, gelegentlich von Cysten durchsetzten Gewebe (Abb. 52). Diese Cysten entsprechen histologisch durchaus den kleinen Geröllcysten, die wir bei degenerativen Gelenkleiden (z. B. der Coxarthrose) finden. Daneben treten Faserknorpelherde auf, welche die Spongiosaräume häufig „plombenartig“

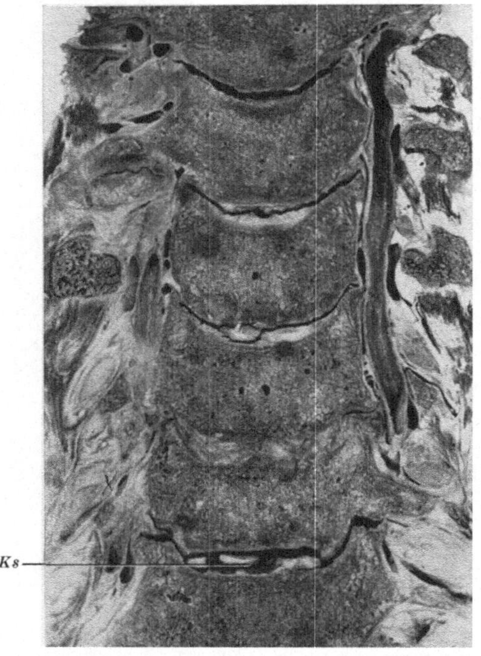

Abb. 51. Halswirbelsäule eines 72jährigen Mannes. Fortschreiten der Bandscheibenzermürbung. Die 5. Bandscheibe ($C_{6/7}$) enthält in ihrem Innern noch einige Schollen nekrotischen Knorpels (*Ks*). Bei der obersten Bandscheibe fehlt jede Spur von Lamellen und Knorpel; es besteht knöcherner Kontakt zwischen den Wirbelkörpern in ganzer Ausdehnung der Deckflächen

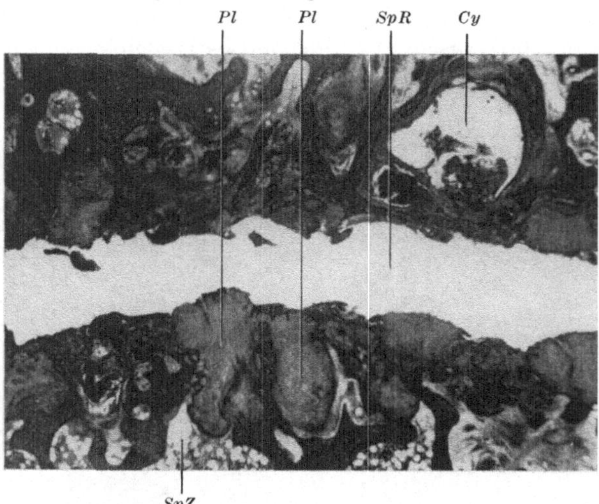

Abb. 52. Zermürbung und Schwund der Bandscheibe. Faserlamellen und Knorpelplatten sind völlig verschwunden, an ihre Stelle ist ein schmaler Spaltraum getreten (*SpR*). Die offenstehenden Spongiosa-„Zellen“ (*SpZ*) werden durch „plomben“-artige Faserknorpelwucherungen, die etwas ins Spaltlumen vorragen, geschützt (*Pl*). Gelegentlich entstehen in den Markräumen auch Cysten (*Cy*). (77jähriger)

ausfüllen und sogar wie Pilze in das Spaltlumen vorwachsen, das als letzter Rest der Bandscheibe die ursprüngliche Intervertebralgegend markiert. Durch diese faserknorpeligen Plomben werden die tieferen Schichten des Knochenmarkes offenbar gut geschützt: In ihrer unmittelbaren Nachbarschaft sehen wir nämlich völlig normales Knochenmark.

Auch die Röntgenaufnahmen (Abb. 53a und b) zeigen das Bild stärkster Osteochondrose. Die Höhe der Intervertebralräume ist auf ein Minimum reduziert. Deckplattensklerose und spondylotische Zacken treten deutlich hervor.

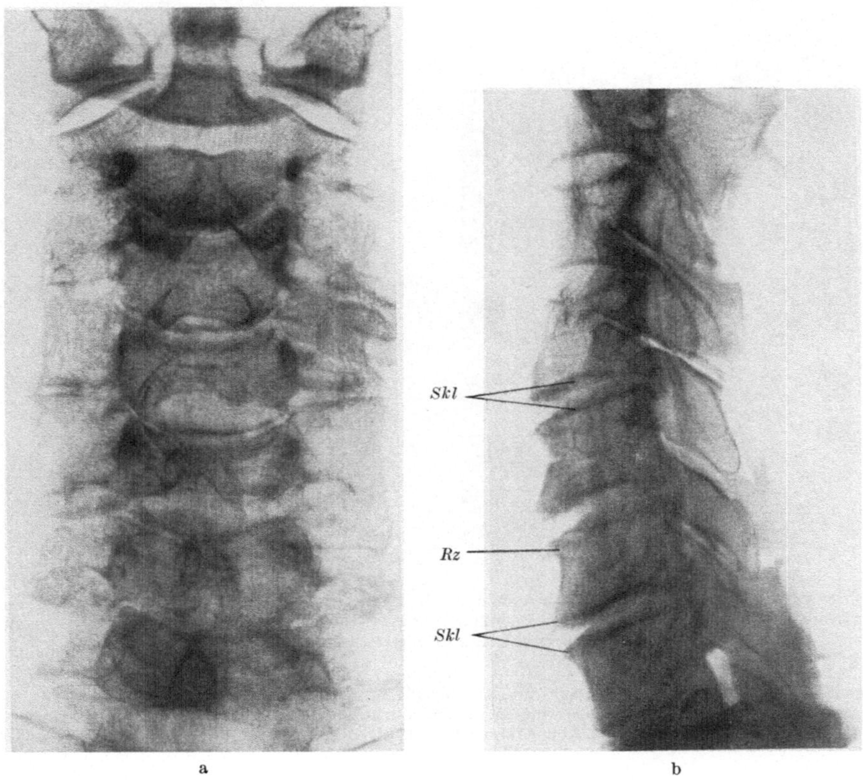

Abb. 53a u. b. Röntgenbilder der Halswirbelsäule des 72jährigen Mannes in Abb. 51. Stärkste Osteochondrose: Bandscheibenraum ist nurmehr ein Spalt. Deckplattensklerose (*Skl*). Spondylotische Randzacken an den ventralen Wirbelkörperkanten (*Rz*). Flach nach auswärts gekippte Processus uncinati, die im ap-Bild eine „Tellerform" bedingen

Die Processus uncinati sind seitlich so flach ausgebogen, daß der Röntgenologe von „Tellerformen" spricht (s. später). Abb. 54a zeigt die Halswirbelsäule eines 84jährigen Mannes mit gleichmäßig vorangeschrittenen Bandscheibenveränderungen. Während die zweite Bandscheibe $C_{3/4}$ noch leidlich erhalten ist, stehen die Wirbelkörper bei allen übrigen in breitem, knöchernem Kontakt. Daß ein solches Bewegungssegment seine Aufgabe als stoßauffangendes und lastverteilendes Zentrum nicht mehr erfüllen kann, ist einleuchtend. Auf kurze, harte Stöße reagiert die Spongiosa mit Sklerosierung. Die Zerrungen am Bandapparat führen zu Randzackenbildung, so daß wir auch röntgenologisch eine vollausgebildete Osteochondrose erwarten können, mit besonders deutlichen, uncovertebralen Deformierungen im Bereiche der dritten und stärksten Deckplattensklerosen bei den übrigen Bandscheiben (Abb. 54b).

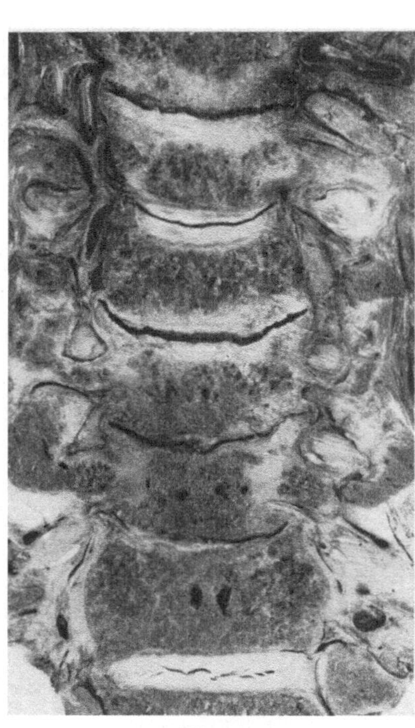

Abb. 54a

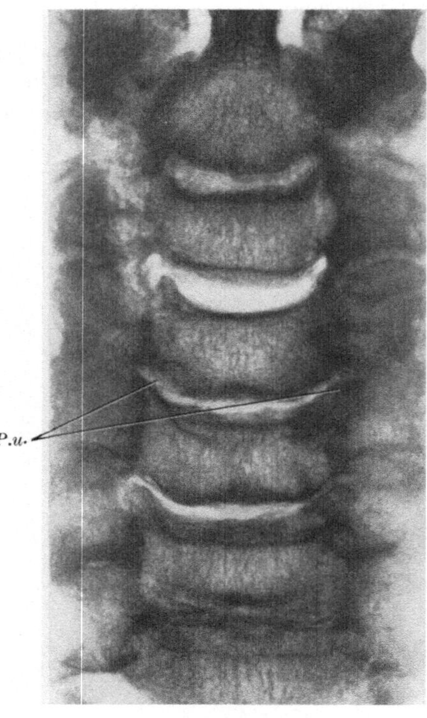

Abb. 54b

Abb. 54a. Halswirbelsäule eines 84jährigen Mannes. Die zweite Bandscheibe $C_{3/4}$ ist leidlich erhalten. Bei allen übrigen ist das Bandscheibenmaterial völlig zermalmt und verschwunden. Die Wirbelkörper haben unmittelbar knöchernen Kontakt. Die Deckplatten sind stark sklerosiert.

Abb. 54b. a.p.-Bild der Halswirbelsäule in Abb. 54a (84jähriger Mann). Stärkste Osteochondrose. Beachte besonders die auswärtsgekippten, sklerosierten Processus uncinati (*P.u.*). Die Bandscheibenverschmälerung ist außer bei der zweiten (vgl. Abb. 54a), ebenso wie die Deckplattensklerose leicht zu erkennen

Veränderungen der Uncovertebralregion im Verlaufe der Altersinvolution der Zwischenwirbelscheiben

Beim jugendlichen Erwachsenen (vgl. Abb. 17) haben wir die Processus uncinati als steile, mit den seitlichen Anteilen der Wirbelkörper breitbasig verwachsene Knochenkämme kennengelernt, die bis nahe an die Unterfläche des nächsthöheren Wirbelkörpers, den sog. Gegenpol, heranreichen. An dieser Stelle ist die Bandscheibe — ob mit oder ohne seitlichen Riß — am schmälsten. Es ist also nicht verwunderlich, daß bei Verschmälerung des Bandscheibenraumes im Rahmen der Chondrose gerade hier der erste unmittelbar knöcherne Kontakt zwischen zwei Wirbelkörpern stattfindet: Hier kommt es zu einem ersten Abstützen des oberen auf den unteren Wirbelkörper und damit zur frühzeitigen Bildung von knöchernen, im Röntgenbild sichtbaren Reaktionen. Solche erste Reaktionen sind auf den Röntgenaufnahmen, Abb. 39a und b, zu sehen. Sie bestehen in einer Verschmälerung der Bandscheiben, einer „kuhhornartigen“

Ausbiegung der Processus uncinati sowie den Zackenbildungen am Gegenpol. Halswirbelsäulen, welche die genannten röntgenologischen Veränderungen aufweisen, werden als „Kochtopfformen" bezeichnet.

Wenn wir die Uncovertebralregion in einem solchen Stadium histologisch untersuchen, so zeigt sich, daß die kuhhornartige Ausbiegung der Processus uncinati vor allem durch Apposition von Spongiosabälkchen zustande kommt; die Spongiosa nimmt häufig „Strebepfeiler"-Charakter an. In Abb. 55b ist dies andeutungsweise zu erkennen.

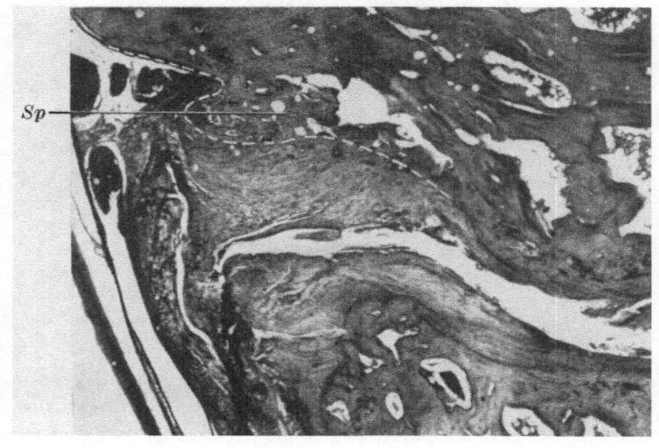

a

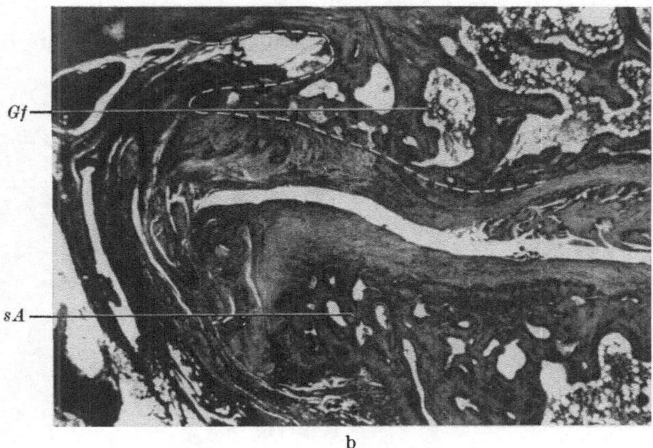

b

Abb. 55a u. b. In a erkennt man bei (*Sp*) das Eindringen feinwabiger Spongiosa in den Faserknorpelbelag am Gegenpol, während in b die fertige, den Processus uncinatus dachartig überragende Gelenkfacette (*Gf*), die ein eigentliches Stützorgan darstellt, zu sehen ist. Auch am Processus uncinatus ist es zur Apposition von Spongiosabalken, die eine seitliche Ausladung (*sA*) bedingen, gekommen. a und b = 43jähriger Mann

Auch die Entwicklung einer „dachartigen" Zacke am Gegenpol (im Röntgenbild Abb. 39a, bei Bandscheibe C_4 links besonders deutlich), der von LUSCHKA als „faserknorpel-überzogene Gelenkfazette" bezeichnet wird, läßt sich auf Abb. 55a und b verfolgen: Während auf Abb. 55a zu sehen ist, wie sich feinwabige Spongiosa in den Faserknorpelbelag vorzuschieben beginnt, läßt Abb. 55b die fertig ausgebildete „Gelenkfazette" erkennen. Die Spongiosabälkchen sind radspeichenartig in einem statisch durchaus verständlichen Sinne angeordnet: Wir erraten, wie sich der Gegenpol auf den gegenüberliegenden, ebenfalls von Faserknorpel überzogenen Processus uncinatus stützt, ein Verhalten, das mit zunehmender Chondrose immer offensichtlicher wird. Aus diesen Veränderungen können wir auf eine stark verminderte Tragfähigkeit der zermürbten Bandscheiben schließen, deren Aufgabe von der Uncovertebralregion übernommen werden muß, die jetzt zum eigentlichen Stützorgan ausgebaut wird. Durch seitliches Auswachsen kann diese „Gelenkfazette" schließlich zu einem „pfannendach"-artigen Gebilde werden. Solchen Befunden kann man in Halswirbelsäulen älterer Individuen begegnen.

Die folgenden Abb. 56—59 geben uns Aufschluß über die weiteren Veränderungen der Uncovertebralregion, die bei zunehmender Bandscheibenzerstörung

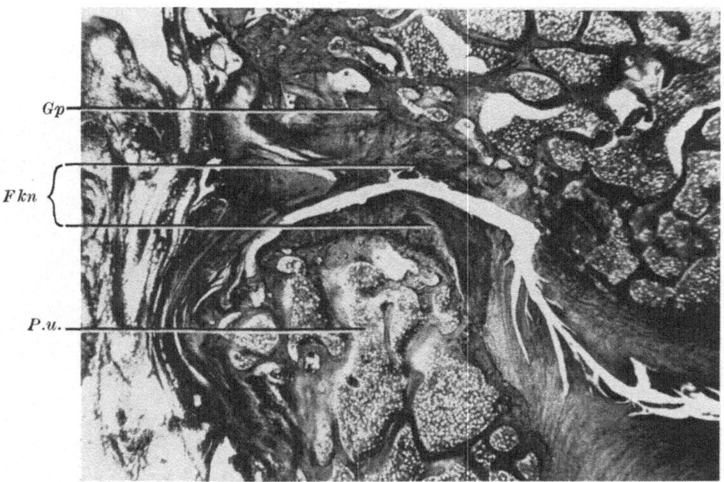

Abb. 56. Gelenkfacette am Gegenpol und „gelenkkopf"-artig aufgetriebener Processus uncinatus sind noch von Faserknorpel überzogen (*Fkn*). (68jährige Frau)

eintreten. Im Kapitel über den Ausbau der seitlichen Spalten in den Zwischenwirbelscheiben haben wir zeigen können, wie die Uncovertebralregion nach und

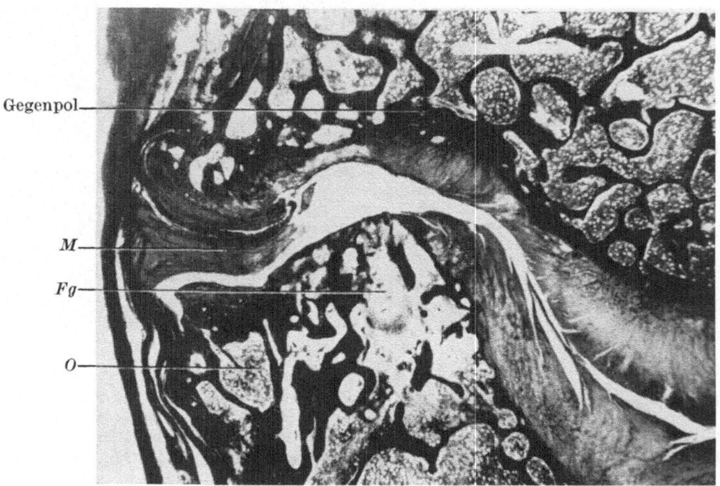

Abb. 57. Faserknorpelbelag auf dem Gegenpol weitgehend, über dem Processus uncinatus vollständig verschwunden. Blutbildendes Knochenmark durch Fasergewebe ersetzt (*Fg*). Seitlich ausladender Osteophyt (*O*) am Processus uncinatus. Der „Gelenkspalt" verläuft in flachem Bogen nach lateral unten. (*M*) Meniscusartiger Gewebskeil. (68jährige Frau)

nach Gelenkcharakter annimmt, so daß von einer Art „Nearthrose" gesprochen werden kann. Bei zunehmender Bandscheibenzermürbung hat die Uncovertebralregion mehr und mehr Stützfunktion zu übernehmen und erfährt zu diesem Zweck die eben beschriebene spezielle Ausgestaltung. Ein solches „tragendes Seitengelenk" zeigt Abb. 56. Wir sehen hier einen aufgetriebenen, plumpen

„gelenkkopfartigen" Processus uncinatus, der am Gegenpol eine tiefe „Gelenkpfanne" ausgehöhlt hat. Noch haben „Gelenkkopf und -pfanne" rundliche Form und sind von Faserknorpel überzogen. Der zunehmenden starken Beanspruchung ist dieser Knorpel aber nicht gewachsen, um so mehr, als auch er erst sekundär aus den Bandscheibenlamellen hervorgegangen, gewissermaßen improvisiert worden ist und wahrscheinlich biologisch minderwertig bleibt. Der Knorpelbelag schwindet, womit eine Art „arthrotischer" Prozeß eingeleitet wird (Abb. 57). Das blutbildende Knochenmark ist zurückgedrängt und durch Fasergewebe ersetzt. Durch die Osteophytenanlagerung erhält der Processus uncinatus eine seitliche Ausladung, die einen schräg nach außen unten gerichteten Verlauf nimmt.

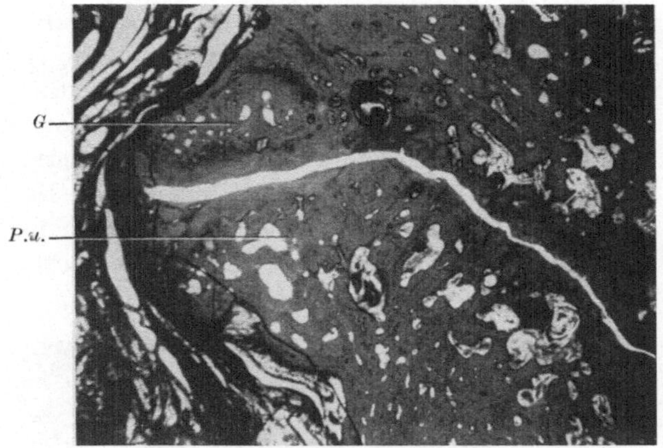

Abb. 58. Stärkste Sklerosierung der Uncovertebralregion. Der Gegenpol (G) stützt sich mit einem dicken Fortsatz auf dem sockelartig verbreiterten Processus uncinatus auf (*P.u.*). Die Spongiosaräume sind nur noch als kleine Löcher zu erkennen. (63jähriger Mann)

In der Folge verdichtet sich der Knochen zusehends (Abb. 58): Die Spongiosa wird plumper, in den Knochenlücken treten reichlich Gefäße auf, die im knorpelfreien Spaltraum vergeblich eine Reparation versuchen. Die ehemalige Form des Processus uncinatus läßt sich noch deutlich erkennen; der Osteophyt als seitliche Ausladung erscheint nur aufgesetzt. Unter der zunehmenden Belastung hat die Sklerosierung einen hohen Grad erreicht. Der massiv gebaute Processus uncinatus mit seiner seitlichen Ausladung stellt einen eigentlichen Sockel dar, auf dem sich der Gegenpol mit ebenfalls eburnisiertem Fortsatz breit aufstützt.

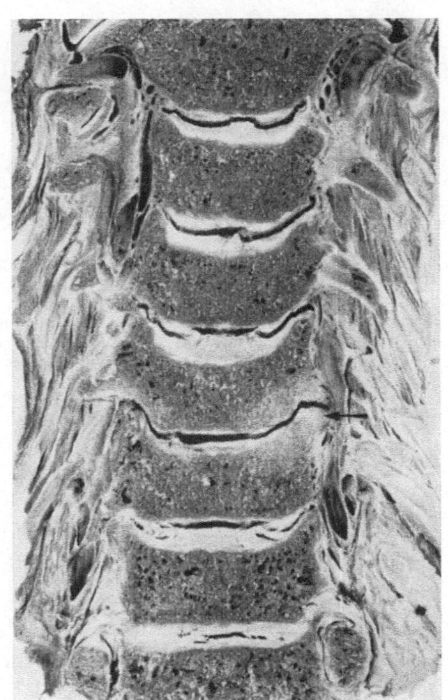

Abb. 59. Halswirbelsäule eines 54jährigen Mannes. Uncovertebrale Spondylose der vierten Bandscheibe $C_{5/6}$ rechts (Pfeil): Umschriebene Sklerose der Uncovertebral-Region. Der Processus uncinatus ist als Ganzes nach außen geneigt und reicht daher besonders weit nach lateral, so daß er die A. vertebralis stark einengt

Eine starke uncovertebrale „Spondylose" zeigt der Intervertebralraum $C_{5/6}$ eines 54jährigen Mannes (Abb. 59): Der Knorpelbelag ist völlig verschwunden, Osteophyten haben sich an Processus uncinatus und Gegenpol gebildet, und es fällt eine umschriebene, starke Sklerose der Uncovertebralgegend auf. Der

Processus uncinatus ist in diesem Fall als Ganzes nach auswärts gekippt und in Beziehung zur A. vertebralis geraten, welche er sichtbar eindellt. Bei stärkerer Vergrößerung (Abb. 60) erkennt man die seitlich weit ausladenden Osteophyten, die mit ihrer Bandverbindung unmittelbar an die A. vertebralis grenzen und sie etwas einengen. Das Röntgenbild (Abb. 61, unterste Bandscheibe rechts) läßt erkennen, wieweit solche Ausladungen nach der Seite reichen können.

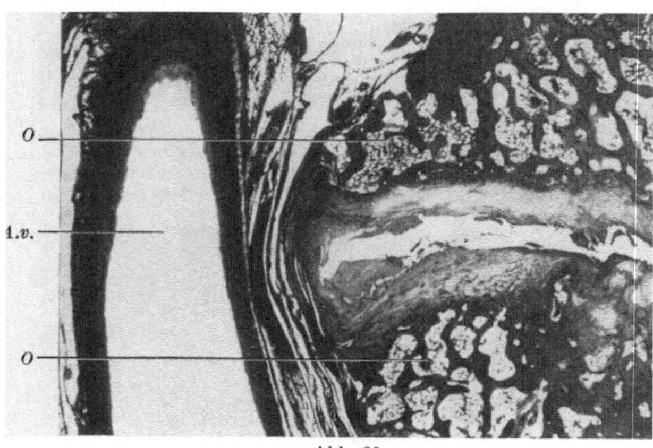

Abb. 60

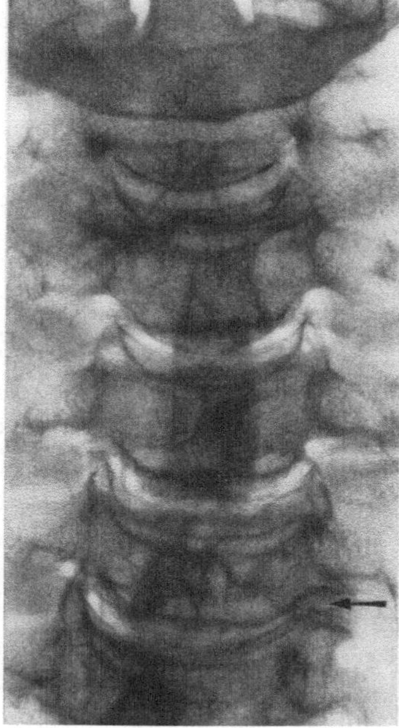

Abb. 61

Abb. 60. Lippenförmige Osteophyten (*O*) an Processus uncinatus und Gegenpol. Ihre Bandverbindungen treten in Beziehung zur A. vertebralis und dellen sie etwas ein. (63jähriger Mann)

Abb. 61. Röntgenbild einer weit nach lateral ausladenden uncovertebralen Spondylose an der vierten Bandscheibe (Pfeil). Man erkennt deutlich den dachartigen Gegenpol, der sich der Form des auswärtsgeneigten Processus uncinatus genau anpaßt. (92jährige Frau)

Zur Frage der dorsalen Randzacken

In diesem Zusammenhang muß kurz die Frage der „dorsalen Randzacken" gestreift werden. Nach JUNGHANNS entstehen spondylotische Randzacken dort, wo das ventrale Längsband die Bandscheibe überspringt und am Wirbelkörper inseriert. Da das dorsale Längsband umgekehrt die Wirbelkörper überspringt, und an den Bandscheiben inseriert, sind die Bedingungen zur Entstehung von Randzacken nicht gegeben. Tatsächlich findet man sie dorsal sehr selten. Meist handelt es sich dabei um verknöcherte Bandscheibenprotrusionen.

Dorsale Randzacken im Bereiche der Halswirbelsäule aber (Abb. 62) sind in Wirklichkeit „hintere, laterale Exostosen", d. h. spondylotische Wulstbildungen am Processus uncinatus und am Gegenpol, und projizieren sich im Seitenbild in den Wirbelkanal hinein. Ihre größte Ausdehnung erfahren sie als lippenförmige Wülste in Richtung auf das Zwischenwirbelloch und sind deshalb auf Schrägaufnahmen am besten zu sehen (Abb. 63).

In Abb. 64 erkennen wir den in den dorsalen Abschnitten flachen Processus uncinatus, dessen Faserknorpelbelag wie auch am Gegenpol durchgescheuert ist. Die kräftigen Randzacken ragen lippenförmig vor und verdrängen den Spinalnerven in das untere Segment des sanduhrförmig eingeengten Intervertebral-

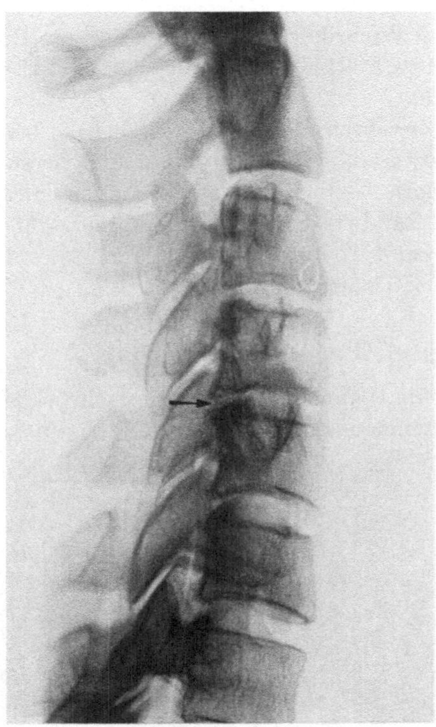

Abb. 62

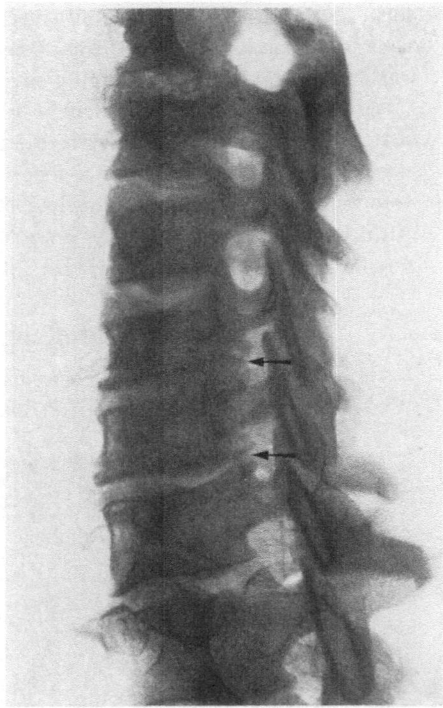

Abb. 63

Abb. 62. Seitliches Röntgenbild der Halswirbelsäule eines 47jährigen Mannes. Die Veränderungen sind bei der dritten Bandscheibe besonders ausgeprägt (Pfeil): Verschmälerung der Bandscheibe. Deckplattensklerose und vor allem deutliche „dorsale Randzacken", die in den Wirbelkanal vorzuspringen scheinen

Abb. 63. Schrägaufnahme einer Halswirbelsäule mit „hinteren lateralen Exostosen". Die oberen drei Zwischenwirbellöcher sind weit und mehr oder weniger regelmäßig oval, während die unteren beiden von den lippenförmigen Exostosen des Processus uncinatus und des Gegenpols stark eingeengt sind (Pfeile)

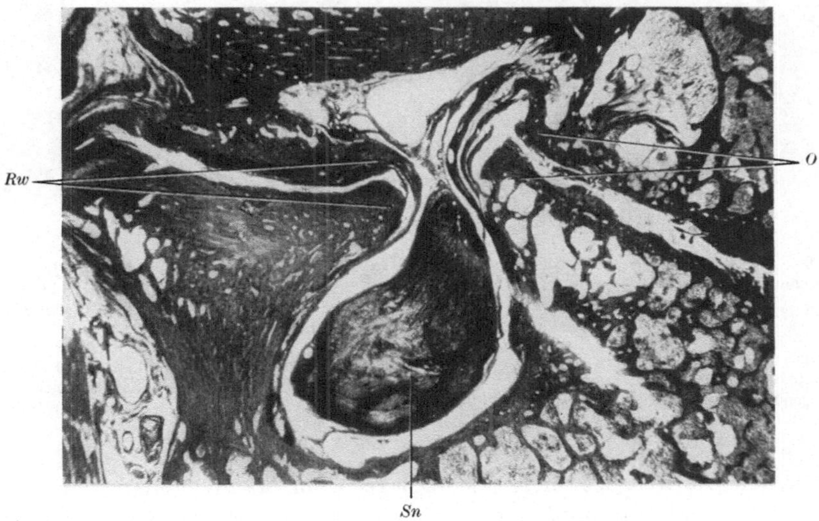

Abb. 64. Sanduhrförmige Eindellung des Intervertebralloches. Diese wird hier aber durch die uncovertebralen Osteophyten (*O*) einerseits und die arthrotischen Randwülste (*Rw*) des Intervertebralgelenkes andererseits zustande gebracht. Der Spinalnerv (*Sn*) ist in das untere Segment abgedrängt. (71jähriger Mann)

loches. Die straffen Fasermassen, die am Wirbelkörper inserieren und die Randzacken überspannen, sind dorsal besonders kräftig und strahlen, allmählich sich verlierend, fächerförmig nach ventral aus.

Man kann sich des Eindrucks nicht erwehren, daß diese Faserbrücke bei der Entstehung der „hinteren, lateralen Exostosen" die gleiche kausale Rolle spiele, wie — gemäß der Junghannsschen Theorie — das ventrale Längsband für die Genese der vorderen, spondylotischen Randwülste der Wirbelkörper. Andere Autoren hingegen (GIRAUDI, KROGDAHL und TORGERSEN u. a.) führen die hinteren, lateralen Exostosen auf die „primäre Osteochondrose" zurück.

Die seitlich niedergelegten Processus uncinati

Häufig vermögen die Processus uncinati dem Gewicht der nachrückenden Wirbelkörper nicht standzuhalten. Mit zunehmender Gewalt werden sie auseinander-

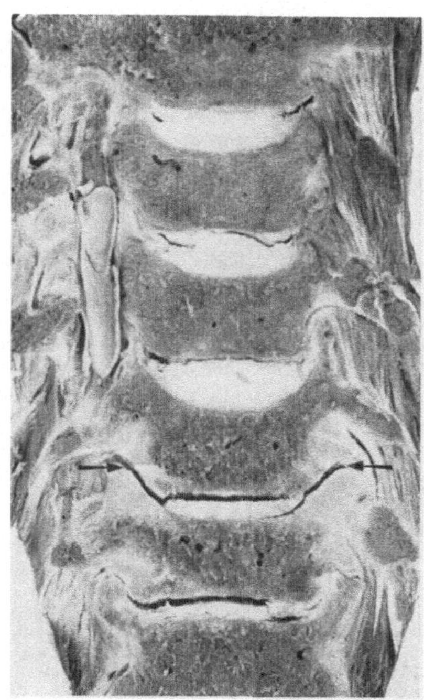

Abb. 65

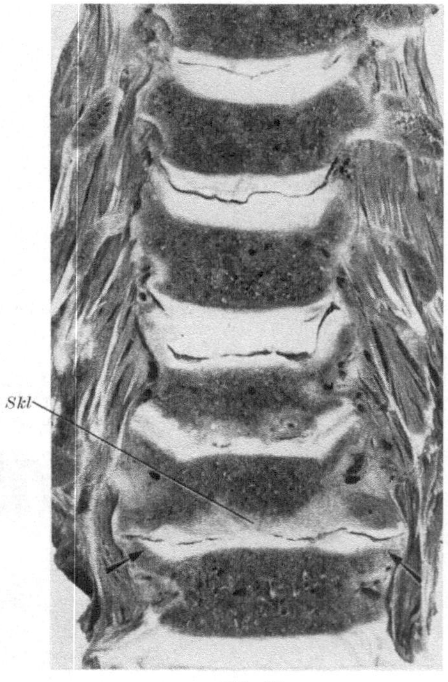

Abb. 66

Abb. 65. Halswirbelsäule eines 89jährigen Mannes. Obere drei Bandscheiben gut erhalten. Bei der vierten Bandscheibe erkennen wir die schräg nach außen gekippten Processus uncinati, die infolge der hohen statischen Beanspruchung samt ihrem Gegenpol in symmetrischer Weise stark sklerosiert sind (Pfeile). Die Wirbelkörperendplatten sind sonst frei von Sklerosierung

Abb. 66. Halswirbelsäule eines 74jährigen Mannes. Bei der untersten Halsbandscheibe sind die Processus uncinati bis zur Horizontalen niedergelegt (Pfeile). Eine dünne Schicht von Faserknorpel vermag die Stöße nicht genügend zu dämpfen: Es kommt zu Sklerosierung nicht im Uncovertebralbereich, sondern in der ganzen Ausdehnung der Knochenendplatte (*Skl*)

gedrückt. Statisch ist diese Schräglage wohl kaum günstig (BAERTSCHI). Die nötige Festigkeit muß durch sehr starke, umschriebene Sklerosierung der Uncovertebralregion herbeigeführt werden, was bei der vierten Bandscheibe $C_{5/6}$ in Abb. 65 deutlich zum Ausdruck kommt. Im Extremfall können die

Processus uncinati bis zur Horizontalen niedergelegt werden, wie die unterste Halsbandscheibe der in Abb. 66 reproduzierten Halswirbelsäule eines 74jährigen Mannes zeigt. In solchen Fällen treten die knöchernen Deckplatten der Wirbelkörper in Kontakt miteinander und entlasten die Uncovertebralregion. Die Sklerose — als Ausdruck der Stoßbelastung — findet sich deshalb jetzt in den *zentralen* Teilen der knöchernen Deckplatte und nicht mehr im Uncovertebralbereich. Wie nahe die Wirbelkörper aneinanderrücken können, zeigt die seitliche Röntgenaufnahme (Abb. 67):

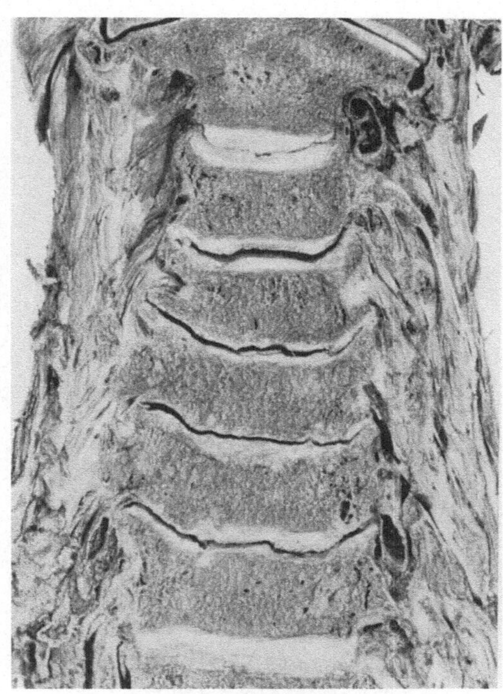

Abb. 67 Abb. 68

Abb. 67. Seitliches Röntgenbild der Halswirbelsäule in Abb. 66. Infolge der Ausbiegung der Processus uncinati können sich die Wirbelkörper bis zur Berührung nähern. Sie sind wie Quader zu einer Säule übereinander gestellt. Die Zeichen der Osteochondrose und die ventralen Randzacken sind ausgeprägt. In den unteren Segmenten besteht eine Kyphose. (74jähriger Mann)

Abb. 68. Halswirbelsäule einer 79jährigen Frau. Die seitlich ausgebogenen Processus uncinati führen zu einer starken Verbreiterung vornehmlich der unteren Wirbelkörper. Die in flachem Bogen durchziehenden Zwischenwirbelspalträume verleihen der Wirbelsäule ein einer chinesischen Pagode ähnliches Aussehen

Die Wirbelsäule sieht wie eine aus Quadern aufgebaute gerade Säule aus. Die Lordose fehlt in den unteren Segmenten vollkommen. Die Randwülste und die Deckplattensklerose sind ganz ausgesprochen.

Ähnliche Halswirbelsäulen mit bis auf den Knochen durchgescheuerten Bandscheiben zeigen Abb. 68 und 69. Die letztere bietet mit ihren fleckförmigen Sklerosen und fibrös-knorpeligen Ankylosierungen ein bizarres Bild dar. Die niedergelegten Processus uncinati lassen besonders die unteren Wirbelkörper sehr breit erscheinen und verleihen der Wirbelsäule ein pyramidenhaftes, „pagodenähnliches“ Aussehen. Eine entfernte Ähnlichkeit mit fetalen und

Abb. 69. Halswirbelsäule eines 76jährigen Mannes. Die Bandscheiben sind bis auf wenige Reste von faserknorpeligem Narbengewebe völlig verschwunden. Die Wirbelkörper stehen untereinander in breitem knöchernem Kontakt, der durch die Ausbreitung der Processus uncinati noch erleichtert und verstärkt wird. Über die ganze Deckplatte ausgebreitet finden wir deshalb starke Sklerose

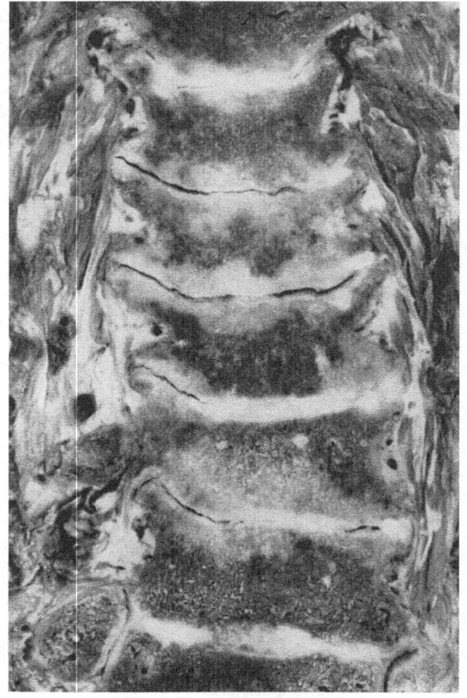

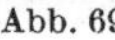
Abb. 69

Abb. 70 u. 71. a.p.-Bilder der Halswirbelsäulen in den Abb. 68 und 69. Beides typische „Tellerformen“. Stärkste Osteochondrose: Verschmälerung des Bandscheibenraumes zu einem schmalen Spalt, Deckplattensklerose, uncovertebrale Deformationen und — soweit im a.p.-Bild beurteilbar — arthrotische Randwulstbildungen an den Wirbelgelenken

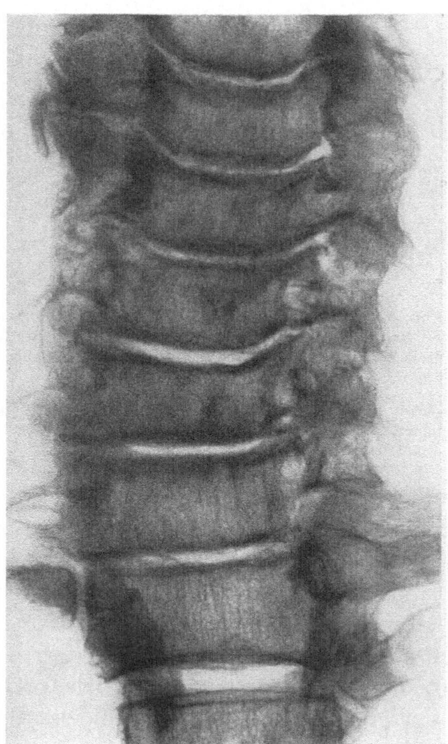

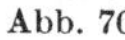
Abb. 70

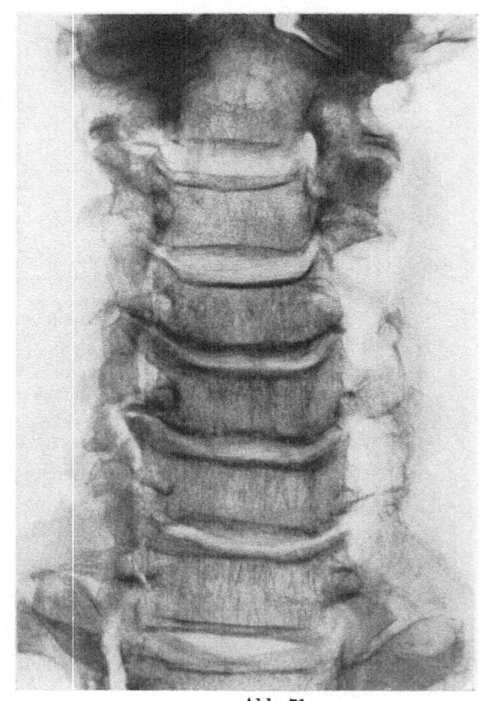
Abb. 71

frühkindlichen Stadien, in denen die Processus uncinati noch flach sind und breite seitliche Ausladungen der Wirbelkörper bilden, tritt immer mehr hervor.

Charakteristisch sind die a.p.-Bilder, die das „signe des assiettes empilées“, die sog. „Tellerform“ zeigen (Abb. 70 und 71): Abgesehen von Zeichen starker Osteochondrose wie Bandscheibenverschmälerung, Deckplattensklerose und Randzackenbildung auch im Uncovertebralbereich, ist vor allem die normale Sattelform der Bandscheiben verschwunden. Der Zwischenwirbelraum ist nur mehr ein in mehr oder weniger gleichmäßig flachem Bogen durchlaufender Spaltraum, der im Uncovertebralbereich nach unten umbiegt, so daß eine gewisse Ähnlichkeit mit einem Stoß übereinandergeschichteter Teller zustande kommt.

Reparationsversuche des Schadens der Zwischenwirbelscheiben

Die Reparationsversuche an den Bandscheiben beginnen mit dem Einwachsen von Gefäßbindegewebe aus den Wirbelkörpern in die Intervertebral-

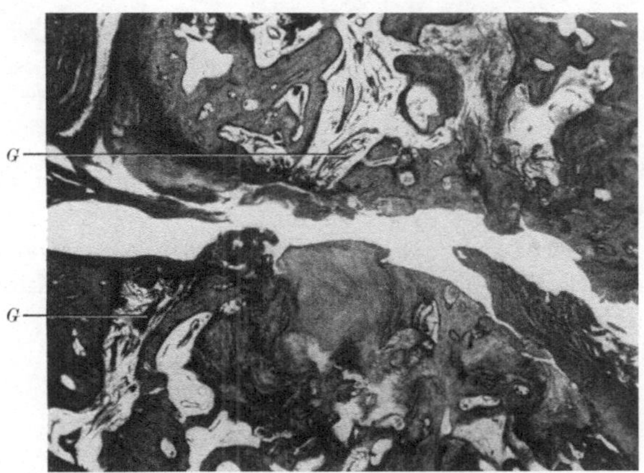

Abb. 72. Der Bandscheibenraum ist nur mehr ein schmaler Spalt, in dem die Wirbelkörper knöchern aneinander grenzen. In den Markräumen sind Gefäßkonvolute, offenbar zu reparatorischen Zwecken, bereitgestellt (*G*). Ein Einwachsen in das Spaltlumen kommt nicht in Frage, da sie nirgends Fuß fassen und sich ausbreiten können

räume. Aus diesem Gefäßbindegewebe wird später schließlich fibröses Narbengewebe oder, wenn Osteoblasten mitbeteiligt sind, spongiöser Knochen hervorgehen; daraus resultiert eine Versteifung des Bewegungssegmentes. Es muß aber betont werden, daß der Erfolg der Reparation vom Zeitpunkt der Invasion durch das Gefäßbindegewebe abhängt. Die zarten Gefäßbäumchen müssen sehr frühzeitig in den Bandscheibenraum eindringen, damit sie noch wuchernde Überreste der zermürbten Bandscheibe vorfinden, in denen sie ihre „Wurzeln“ ungestört ausbreiten können. Wenn das Einwuchern der Gefäße verzögert wird — sei es durch eine intakte Knorpelplatte, die keine Gefäße durchtreten läßt, oder durch eine vorzeitig eburnisierte Wirbeldeckplatte, die ihnen den Weg versperrt —, so ist der Schwund an Bandscheibenmaterial oft schon zu weit gediehen. Zur Organisation ist es dann zu spät: In einen knöchern begrenzten Spaltraum zwischen zwei Wirbelkörpern (vgl. Abb. 54a), die sich dauernd gegeneinander verschieben, können keine Gefäße einwachsen, ohne fortlaufend zerstört zu werden. Auf Abb. 72 sehen wir den knöchern begrenzten

Spaltraum zwischen zwei Wirbelkörpern. Die Bandscheibe ist vollkommen verschwunden. In den Spongiosamarkräumen sind ganze Gefäßbüschel bereitgestellt, um gegen die Oberfläche vorzuwachsen. Diese können aber nirgends

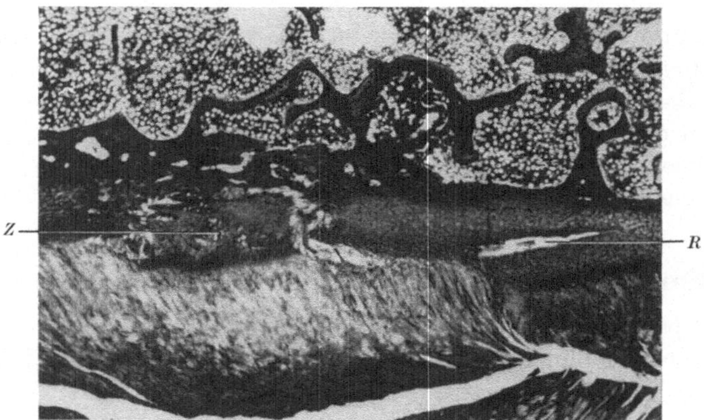

Abb. 73. Das bandscheibenwärts ausgebrochene Stück Knorpelplatte zerfällt in feine Bruchstücke, es zerbröckelt (*Z*) wie „Zunder". Rechts haben die festhaftenden Lamellen die Knorpelplatte bis in große Tiefe aufgerissen (*R*). (86jährige Frau)

eindringen, haften und sich ausbreiten, da ihnen keinerlei Gewebe mehr zur Verfügung steht.

Damit Gefäße überhaupt einwachsen können, müssen zwei Vorbedingungen erfüllt sein: erstens Durchbrüche und Defekte in den Knorpelplatten und zweitens Knorpelwucherungen im Innern der Bandscheibe.

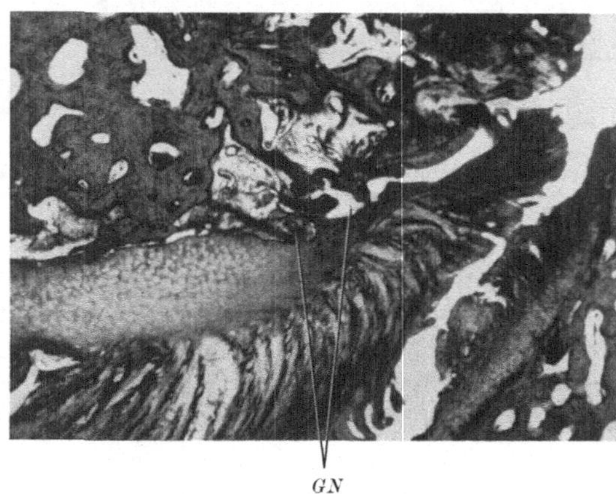

Abb. 74. Aus den Markräumen wachsen Gefäße vor, die die Knorpelplatte von hinten „benagen". Man erkennt die „lakunen"-artigen Nischen, in denen die Gefäßschlingen liegen (*GN*). (50jähriger Mann)

Zu 1. Schon bei Jugendlichen beginnen die Knorpelplatten Kalksalze einzulagern, damit werden sie zunehmend spröder und sind schließlich den harten Stößen, die von der chondrotisch veränderten Bandscheibe nicht mehr gemildert werden können, nicht mehr gewachsen; sie brechen und splittern, wie in Abb. 73 deutlich wird, und „zerfahren" gelegentlich wie „Zunder". Häufig sind nur noch feinste Bröckel zerfallender Bruchstücke einer spröden Knorpelplatte zu finden.

Die Lamellen des Faserrings, die in den Knorpelplatten fest verankert sind, können bei Zerrungen am Lamellensystem bis in tiefe Schichten aufgerissen sein.

Von der Wirbelkörperseite her kann die Knorpelplatte durch Blutgefäße, die sie von den Spongiosaräumen aus „benagen", geschwächt werden. Auf Abb. 74 erkennt man „lakunen"-artige Nischen, in die Spongiosagefäße hineinragen. An solchen umschriebenen schwachen Stellen, zu denen auch Gefäßnarben, Degenerationsfelder und die Chordadurchtrittsstelle gehören (vgl. S. 10, 11), bricht die Knorpelplatte besonders leicht ein. Die dadurch entstehenden Lücken in der die Wirbelkörper von den Bandscheiben trennenden Schutzschicht ermöglichen den Übertritt von Bandscheibengewebe in die Spongiosa (Abb. 75). Es entstehen die sog. *Schmorl*schen Knötchen, die man bei fortgeschrittener Chondrose auch in der Halswirbelsäule häufig antrifft; meist sind sie klein, oft aber multipel. Eine besonders schwache Stelle und daher häufig Sitz *Schmorl*scher Knötchen scheint der Rand der Knorpelplatte zu sein: Der auf Abb. 75 sichtbare Einbruch liegt genau an der Abgangsstelle des Processus uncinatus vom Wirbelkörper: Links ist die horizontale Siebplatte zu sehen, auf welcher die gegen den Rand sich verjüngende Knorpelplatte aufliegt, rechts der Anschnitt durch den steil ansteigenden Processus uncinatus.

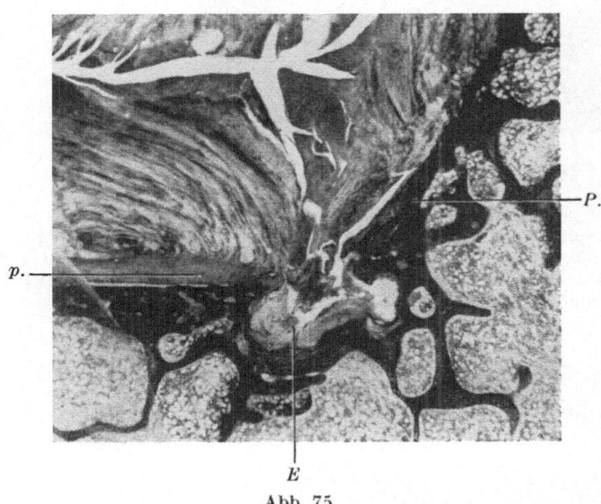

Abb. 75

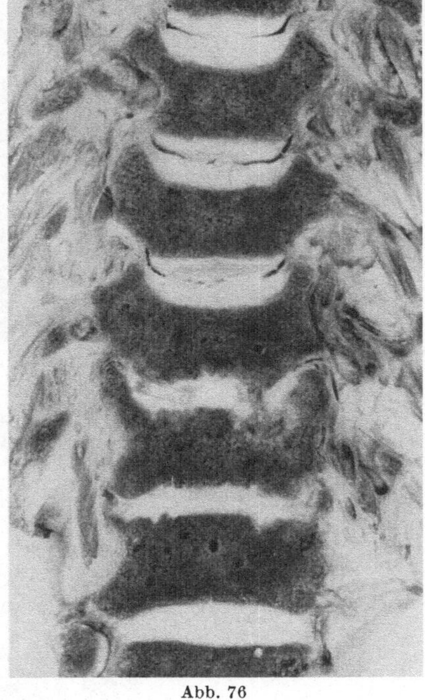

Abb. 76

Abb. 75. Schmorlsches Knötchen an der Peripherie der Knorpelplatte, am Fuß des Processus uncinatus. Man erkennt links die Knorpelplatte (*K.p.*), rechts den Anstieg zum Processus uncinatus (*P.u.*). Zwischen den beiden hat ein Einbruch von Lamellen in die Spongiosa stattgefunden (*E*). (68jährige Frau)

Abb. 76. Halswirbelsäule einer 76jährigen Frau. Großes Knorpelknötchen bei der vierten Bandscheibe. Man erkennt die etwas hellere Knochenschale, die das in Organisation befindliche Knötchen umgibt

Auf Abb. 76 sehen wir am Beispiel der Halswirbelsäule einer 76jährigen Frau ein besonders großes Schmorlsches Knötchen. Die Gallertkernmasse der 4. Bandscheibe hat sich tief in die Spongiosa des unteren Wirbelkörpers eingegraben und wird dort von einer deutlich erkennbaren Knochenschale umgeben.

Das Mark reagiert auf das eindringende Bandscheibengewebe mit Bildung einer faserigen „Barrikade“, die ein weiteres Vordringen des prolabierten

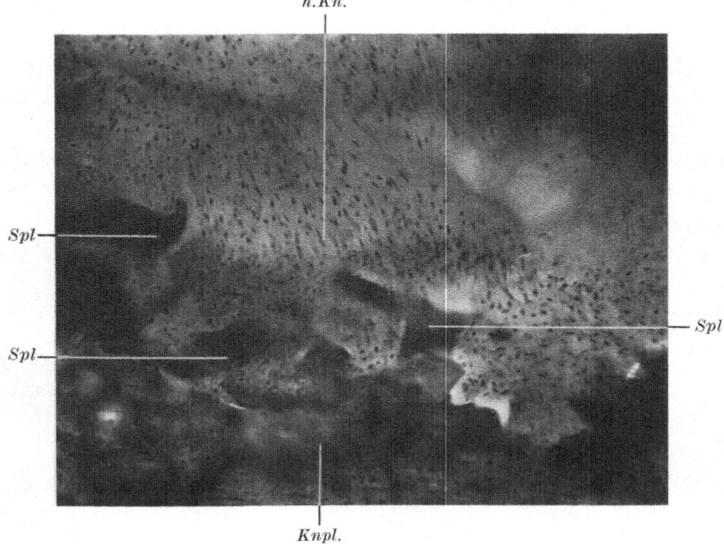

Abb. 77. Von verkalkter Knorpelgrundplatte ausgehende Wucherung hyalinen Knorpels. Die verkalkte Grundsubstanz der Knorpelplatte ist gesprengt, ihre Splitter liegen frei im hyalinen, frischgewucherten Knorpel. In diesem fällt die Reihenanordnung der sich vermehrenden Knorpelzellen auf. *Knpl* alte, verkalkte Knorpelplatte. *Spl* Splitter von verkalkter Grundsubstanz. *h.Kn.* bandscheibenwärts gelegener, neugebildeter hyaliner Knorpel mit Reihenanordnung der Zellen. (57jährige Frau)

Gewebes verhindert. Die faserigen Schalen können verknorpeln oder sogar verknöchern. Wenn eine dicke, große Knochenschale entsteht, kann sie unter

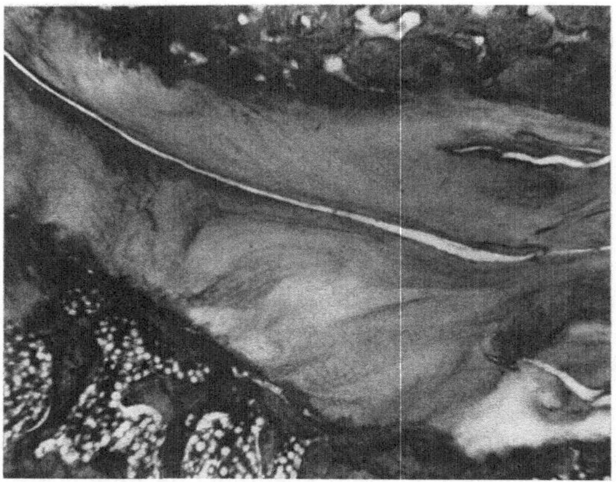

Abb. 78. Die beiden Wirbelendflächen sind von dicken, hyalinen Knorpelpolstern bedeckt, die aus den Knorpelwucherungen hervorgegangen sind. Die nekrotischen Überreste der alten Bandscheibe sind völlig verschwunden. (57jährige Frau)

Umständen röntgenologisch sichtbar werden, was allerdings bei der Halswirbelsäule nicht häufig der Fall ist, da große Knorpelknötchen selten sind.

Zu 2. Knorpelwucherungen im Innern der Bandscheibe. Organisierendes Gefäßbindegewebe kann nur dann in den Bandscheibenraum einwachsen, wenn es von einem schützenden „Medium" aufgenommen wird (s. S. 59). Als solches kommt wuchernder, zell- und grundsubstanzreicher Knorpel in Frage, der von Resten der Knorpelplatten und der Faserlamellen gebildet wird.

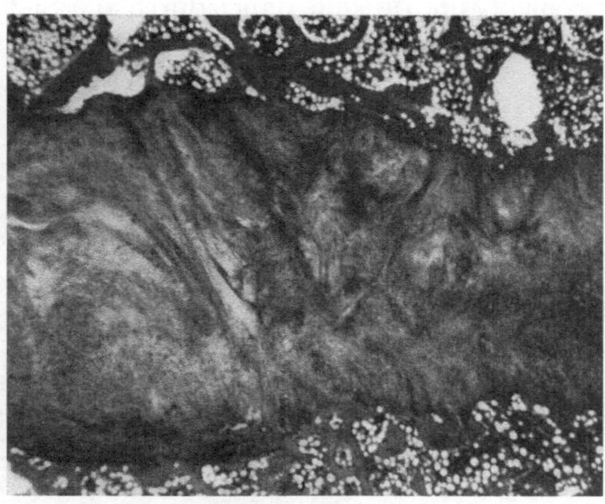

Abb. 79. Faserknorpelige Ankylose. Die beiden Wirbelkörper sind durch wirr angeordnete Faserzüge miteinander verbunden. Diese strahlen nicht als Sharpeysche Fasern in den Knochen ein, sondern enden an ihm mit glattem Rand. (87jährige Frau)

Wenn sich im Innern der starren, spröden Knorpelplatte Zellen zu vermehren beginnen und neue Grundsubstanz bilden, dann wird die alte, verkalkte Grundsubstanz gesprengt. Ihre Splitter werden in den neugebildeten hyalinen Knorpel aufgenommen und bleiben noch längere Zeit sichtbar. Abb. 77 zeigt im unteren Teil einen Ausschnitt aus der verkalkten hyalinen Knorpelgrundplatte bei mittlerer Vergrößerung. Bandscheibenwärts (Bildmitte) erkennt man deutlich die Reihenanordnung der Zellen im frischgewachsenen Knorpel, ähnlich den Knorpelzellsäulen in den Wachstumszonen der Epiphysen.

Diese Neubildung hyalinen Knorpels im Innern der Bandscheibe geht aber nicht nur von den Knorpelplatten aus, sondern auch von den faserknorpeligen inneren Lamellen: Auch hier finden Zellteilungen statt. Die Grundsubstanz wird vermehrt, wobei die Fasern der Lamellen maskiert und in der hyalinen Masse unsichtbar werden.

Durch den wuchernden Knorpel werden die nekrotischen Bandscheibenreste zusammengeschoben. Sie sammeln sich im Zentrum des Bandscheibeninneren an und verschwinden allmählich, so daß schließlich nur noch die neugewachsenen hyalinen Knorpelkissen zurückbleiben (Abb. 78). Dieses hyaline Knorpelgewebe ist sicher geeignet, die Aufgabe der zerstörten Bandscheibe einigermaßen zu übernehmen, indem es Stöße auffangen und den Druck notdürftig etwas verteilen kann.

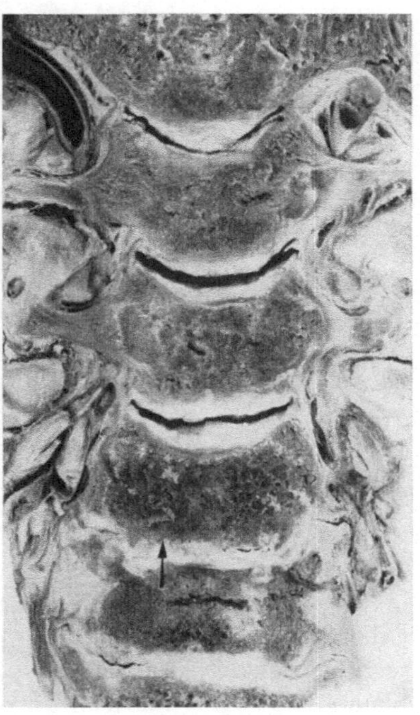

Abb. 80. Halswirbelsäule eines 84jährigen Mannes. Die vierte Bandscheibe $C_{5/6}$ ist faserknorpelig ankylosiert. Die verankernden Faserzüge dringen tief in das Spongiosamaschenwerk ein und verleihen der Wirbelkörperbandscheibengrenze ein „gezähneltes" Aussehen (Pfeil)

Die Fasern sind aber keineswegs immer vollkommen maskiert, das neugebildete Gewebe muß dann vielmehr als eine Art faserknorpeliges Narbengewebe angesehen werden, welches völlig gefäßlos ist, reichlich Zellen enthält, und dessen Fasern in wirrer Anordnung von Wirbelkörper zu Wirbelkörper ziehen (Abb. 79) und dabei durch die Siebplatte tief in das Spongiosamaschenwerk eindringen. Unter Umständen kommt es zu einer feinen Zähnelung, die

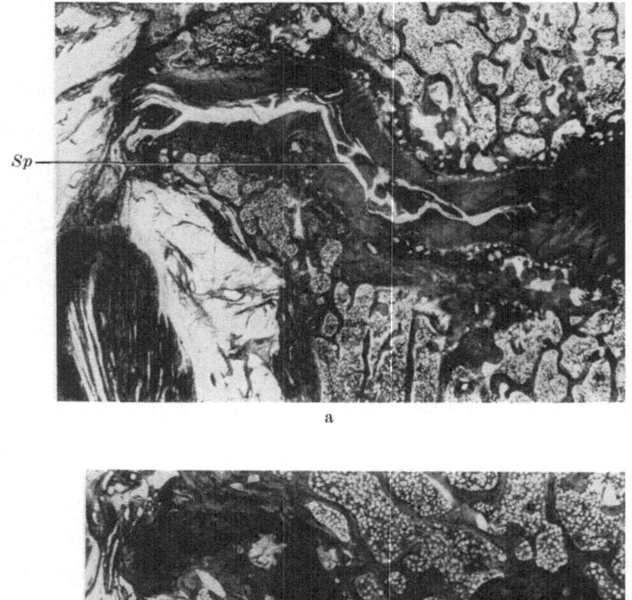

a

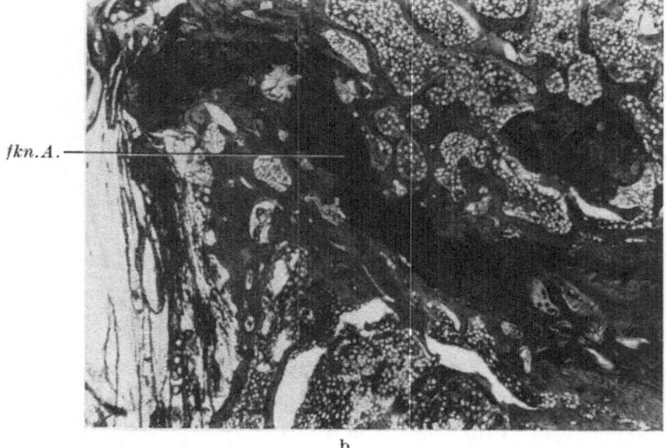

b

Abb. 81a u. b. a Im Uncovertebralgebiet ist der Spaltraum bisher noch bestehen geblieben (*Sp*). (84jähriger Mann.) b Vom Zentrum her wird er aber überwuchert und verdrängt, so daß sich die faserknorpelige Ankylosierung über die ganze Wirbelendfläche ausdehnt (*fkn.A.*). (87jährige Frau)

auf dem Frontalschnitt der vierten Bandscheibe eines 84jährigen Mannes in Abb. 80 deutlich zu sehen ist.

Die Ankylosierung beginnt in den mittleren Teilen der Bandscheibe, greift dann aber auch auf das Uncovertebralgebiet über. Während auf Abb. 81a noch eine unregelmäßige Uncovertebralspalte zu sehen ist, ist diese auf dem der Abb. 81b zugrunde liegenden Präparat vollständig verschwunden: Es ist eine „*faserknorpelige Ankylose*" zustande gekommen. Ein Endstadium der schließlich über die ganze Wirbelendfläche sich ausdehnenden faserknorpeligen Verklammerung des Bewegungssegmentes zeigt die vierte Halsbandscheibe eines 62jährigen Mannes (Abb. 82).

Die Faserzüge strahlen nicht als Sharpeysche Fasern in die knöchernen Wirbelendflächen ein, sondern enden am Übergang zum Knochen wie abgeschnitten (vgl. Abb. 79 und 89). Diese Kontaktstellen zwischen Faserknorpel und Knochen sind daher als schwache Stellen zu betrachten, an denen es oft zum Abriß kommt. Deutlich zeigen die dritte und fünfte Bandscheibe in Abb. 82 dieses Verhalten: An Stelle der Bandscheiben sehen wir nur faserknorpeliges Gewebe, an dessen Übergang zum Wirbelkörper eine Ablösung stattgefunden hat.

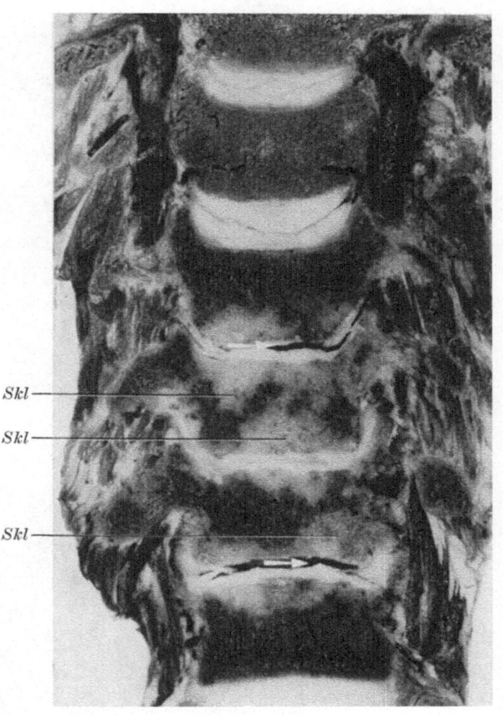

Abb. 82. Halswirbelsäule eines 62jährigen Mannes. Die vierte Bandscheibe ist bis auf die Spitzen der Processus uncinati hinaus durch Faserknorpel ersetzt. Bei der dritten und fünften Bandscheibe ist es am Übergang der Faserknorpelscheibe zum knöchernen Wirbelkörper zum Abriß gekommen (Pfeile). Deckplattensklerosen, die sich in bizarren Formen nach den Wirbelkörpern ausbreiten (*Skl*)

Mit dem Einbruch der Knorpelplatte fällt die Schranke zwischen Wirbelkörperspongiosa und Intervertebralraum; der Weg für eindringendes Reparationsgewebe ist frei. In Fällen mit völlig verschwundenen Knorpelplatten und direkt an das faserknorpelige Narbengewebe angrenzenden Wirbelkörpern gelingt es den Gefäßen leicht, aus der Spongiosa in den Bandscheibenraum einzudringen. Bleiben aber die Knorpelplatten über weite Strecken intakt, dann müssen sich die Gefäße durch Lücken und Spalten durchzwängen (Abb. 83a und b) und können sich erst im Innern der Bandscheibe entfalten. Gelegentlich wachsen Gefäße aus dem Gebiete des Intervertebralkanals ein; der Bandscheibenraum ist also von „einbruchbereitem" Gefäßbindegewebe geradezu umstellt.

Das in die Bandscheibe eingebrochene Gefäßkonvolut breitet sich immer weiter aus und erreicht schließlich den benachbarten Wirbelkörper oder verschmilzt mit einem Gefäßsproß der Gegenseite. Auf Abb. 84 ist eine solche Brücke von organisierendem Gefäßbindegewebe in der untersten Halsbandscheibe einer 69jährigen Frau zu sehen. Bei genauerem Zusehen erkennt man die Lücke in der Knorpelplatte, durch welche die Gefäße eingedrungen sind, um sich in der Bandscheibe auszubreiten. Die Gefäße, die aus den Spongiosaräumen des Wirbelkörpers vorstoßen, breiten sich im Faserknorpel aus (Abb. 85). In den „lakunen"-förmigen Nischen, in welchen der Abbau des Knorpels erfolgt, ist die scharfe Grenze zwischen den beiden Geweben deutlich zu erkennen. Die noch bestehende Knorpelendplatte des unteren Wirbelkörpers wird von den Gefäßwucherungen nicht überschritten.

Bei noch stärkeren Vergrößerungen kann man in solchen Fällen sehen, wie sich Fibrocyten und wohl auch Chondroklasten zwischen die Lamellen des Faserknorpels vorschieben und die Grundsubstanz bis auf einen schmalen Saum um die Zellen verdrängen und auflösen. In dem feinfaserigen Bindegewebe lassen

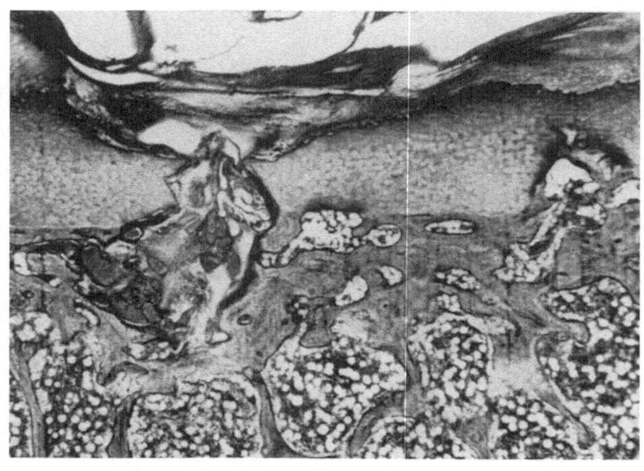

a

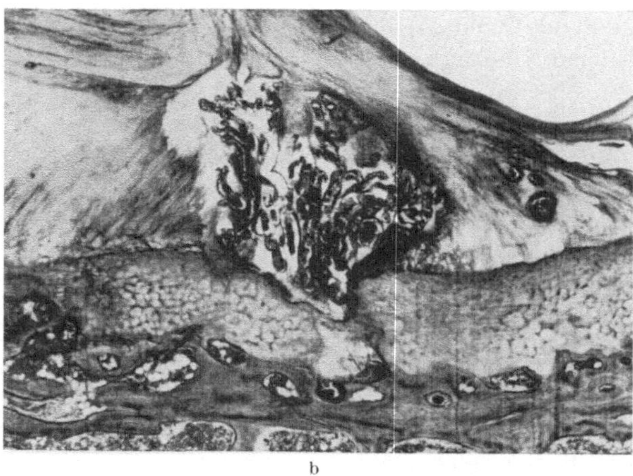

b

Abb. 83a u. b. Die Gefäßsprosse suchen Defekte in den Knorpelplatten, zwängen sich durch (a) und breiten sich dann im Bandscheibenraum aus (b). (63jähriger Mann)

sich die kleinen, spindeligen Fibrocyten von den größeren, aus dem Verband gelösten Knorpelzellen deutlich unterscheiden.

Der Faserknorpel wird durch das organisierende Gefäßbindegewebe immer mehr verdrängt, so daß schließlich weite Abschnitte der Bandscheibe „vascularisiert" sind. Diese Abschnitte erscheinen infolge ihres Blutreichtums rot, dunkel und scharf begrenzt (vgl. auch Abb. 84). Das Verhältnis des Fasergewebes zu den Gefäßen verschiebt sich später zugunsten des ersteren, so daß die Farbe etwas abblaßt und die Grenze unscharf wird. Neben weißen Faserknorpelresten sind in der fünften Bandscheibe (Abb. 86) auch graue, fibröse Narbenherde zu sehen. Dieser Gefäßschwund im fibrösen Gewebe ist bei jeder Narbenbildung zu finden. Man kann also jetzt von einer narbigen, *fibrösen Ankylose* sprechen.

Abb. 84. Halswirbelsäule einer 69jährigen Frau. Beginnende Vascularisation der Bandscheibe $C_6/_7$. Infolge der dunklen Farbe hebt sich das Gefäßkonvolut scharf vom hellen Faserknorpel ab (*G*). Man erkennt den Defekt in der Knorpelplatte, durch den sich das organisierende Gewebe in den Bandscheibenraum vorgeschoben hat (Pfeil)

Abb. 85. Eindringen des organisierenden Gefäßbindegewebes in den Faserknorpel der Bandscheibe. Die Gefäße stammen aus den Markräumen (*Mr*). Im Faserknorpel sind die scharf begrenzten „Resorptions"-Lacunen zu erkennen (*RL*). (77jähriger Mann)

Neben dem Gefäßnarbengewebe kann sich auch knochenbildendes Gewebe an den reparativen Vorgängen beteiligen. So gibt Abb. 87 einen Bandscheibenraum wieder, in welchem auf der linken Seite derbfaseriges, gefäßarmes Narbengewebe und rechts, inmitten von wucherndem Faserknorpel, eine Spongiosainsel gleichzeitig vorkommen.

Der auf Abb. 88 gezeigte Intervertebralraum ist von faserknorpeligem, narbigem Gewebe erfüllt, dessen Fasern von Wirbelkörper zu Wirbelkörper verlaufen und tief im Spongiosawerk verankert sind. Es fehlen Gefäße. An mehreren

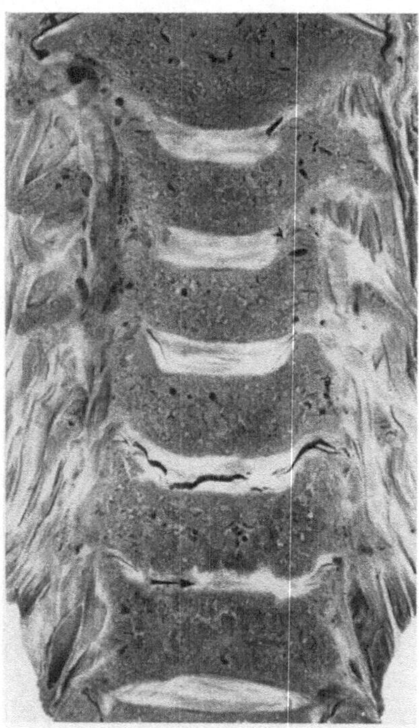

Abb. 86. Halswirbelsäule einer 68jährigen Frau. Blaßgraue Narben im weißen Faserknorpel der fünften Bandscheibe (Pfeil). Das Narbengewebe zeichnet sich aus durch Gefäßarmut und Faserreichtum. Seine Farbe ist daher hell und die Grenze gegenüber dem Faserknorpel unscharf

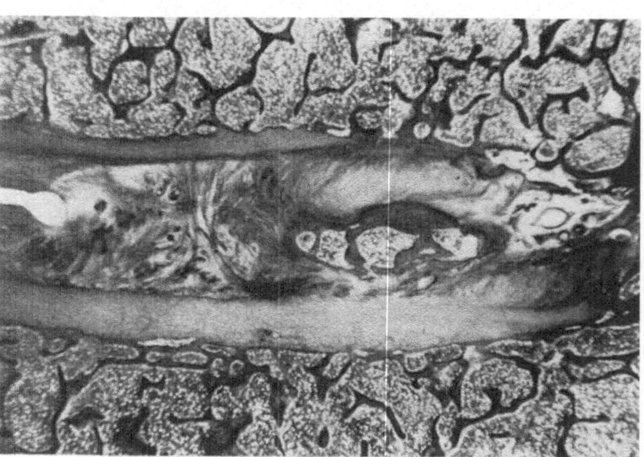

Abb. 87. Fibröse Vernarbung (links) und beginnende Verknöcherung (rechts) an der gleichen Bandscheibe. Die Knorpelplatten können, trotz reparatorischer Vorgänge im Innern der Bandscheibe, über weite Strecken erhalten bleiben. (68jährige Frau)

Stellen (Abb. 88, oben) ragen „lakunen"-artige Nischen in den Knorpel ein, die von einer dünnen Knochenschicht ausgekleidet sind. Im Innern dieser neugebildeten Spongiosaräume findet sich junges, blutbildendes Knochenmark.

Durch Apposition weiterer Markräume breitet sich die Spongiosa mehr und mehr aus.

Solche Spongiosasprosse können an gegenüberliegenden Stellen „brückenkopf“-artig vorgetrieben werden. Abb. 89 zeigt zwei solche Brückenköpfe,

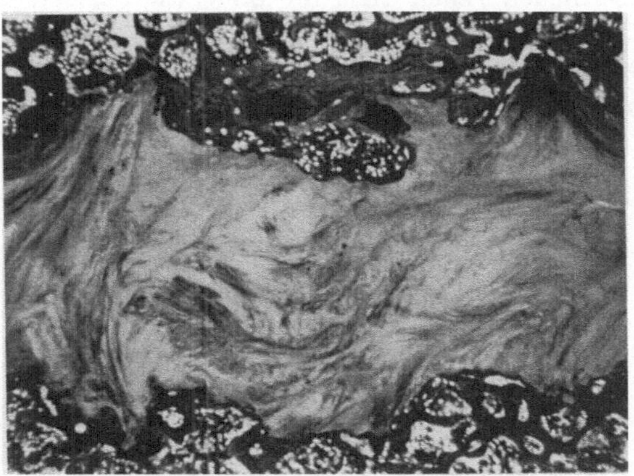

Abb. 88. Faserknorpelig ankylosierte Bandscheibe. Gefäße fehlen vollkommen. Die Faserzüge strahlen nicht in den Knochen ein, sondern enden an ihm mit glattem Rand wie abgeschnitten. Von unten und oben wächst Spongiosa zapfenartig vor: „Lakunen“-artige Nischen werden sogleich von Knochen ausgekleidet. In den neuentstandenen Räumen sehen wir Knochenmark. (74jähriger Mann)

zwischen welchen bereits die Anlagen neuer Spongiosaräume zu erkennen sind. Damit hat die knöcherne Ankylosierung, die sich später ausbreiten und bis in Blockwirbelbildung übergehen wird, ihren Anfang genommen.

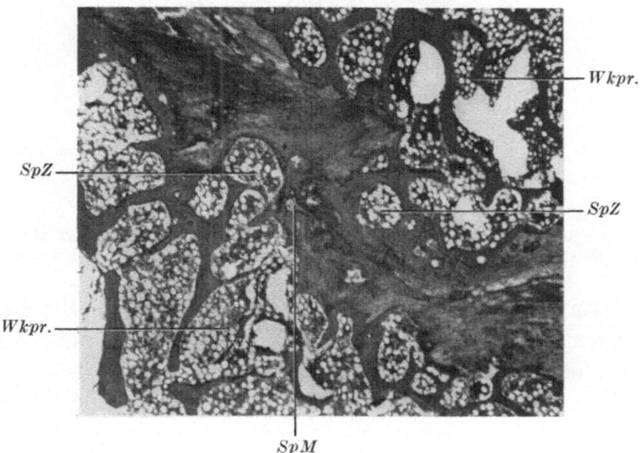

Abb. 89. Der obere und untere Wirbelkörper (*Wkpr*) haben an gegenüberliegender Stelle einen „brückenkopf“-artigen Spongiosazapfen vorgetrieben (*SpZ*). Zwischen den beiden erkennt man aber schon neue kleine Spongiosamaschen, die das Weiterschreiten der Verknöcherung andeuten (*SpM*). Damit hat die knöcherne Ankylosierung ihren Anfang genommen. (87jährige Frau)

Die Überbrückung setzt häufig in der Peripherie ein, so daß Bandscheibenreste im Innern gefangen bleiben können (Abb. 90). Dieser Vorgang hat große Ähnlichkeit mit der Verschmelzung der einzelnen Sacralwirbel zum einheitlichen Kreuzbein beim Jugendlichen (SCHWABE). Die peripheren Verwachsungen werden auch im Röntgenbild deutlich: Im Seitenbild der Halswirbelsäule einer 87jährigen Frau (Abb. 91) sind spondylotische Randwülste zu sehen, die zu überbrückenden Spangen verwachsen sind, während im a.p.-Bild der ähnlich stark veränderten Halswirbelsäule einer erst 57jährigen Frau (Abb. 92) neben den Spongiosabrücken in den seitlichen Teilen auch die Bandscheibenreste im Innern sichtbar werden.

Diese Bandscheibenreste im Innern bleiben aber nicht dauernd erhalten, sondern werden über kurz oder lang von Spongiosa durchsetzt und aufgelöst

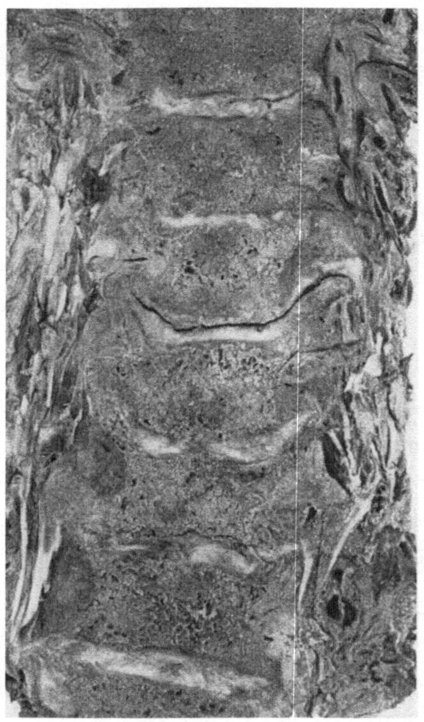

Abb. 90. Halswirbelsäule einer 87jährigen Frau. Bei mehreren Bandscheiben hat die Verknöcherung an der Peripherie eingesetzt, so daß Bandscheibenreste im Innern gefangen worden sind

(Abb. 93). Damit haben wir dann einen einheitlichen Blockwirbel vor uns, dessen homogene Spongiosastruktur kontinuierlich von einem Wirbelkörper zum andern durchzieht. Abb. 94 zeigt am Beispiel einer Halswirbelsäule, die von einer 57jährigen Frau stammt, einen solchen Endzustand ($C_{3/4}$). Blockwirbelbildungen kommen also durchaus nicht nur an den unteren Bewegungssegmenten vor, wo sie allerdings besonders häufig sind. Ein solcher Fall ist in Abb. 95 dargestellt. Die Einheitlichkeit der Knochenstruktur, der stufenlose, „glatte" Übergang von einem Wirbelkörper zum andern, ist hier besonders auffallend. Im dazugehörigen a.p.-Bild (Abb. 96) lassen sich zwar noch Teile der knöchernen Deckplatte im Innern erkennen, aber man sieht doch — besonders rechts — die durchlaufende Struktur der Spongiosabälkchen.

Mit der Blockwirbelbildung ist erst eine sichere Ruhigstellung im Bewegungssegment gewährleistet. Nun sind statisch stabile Verhältnisse wiederhergestellt;

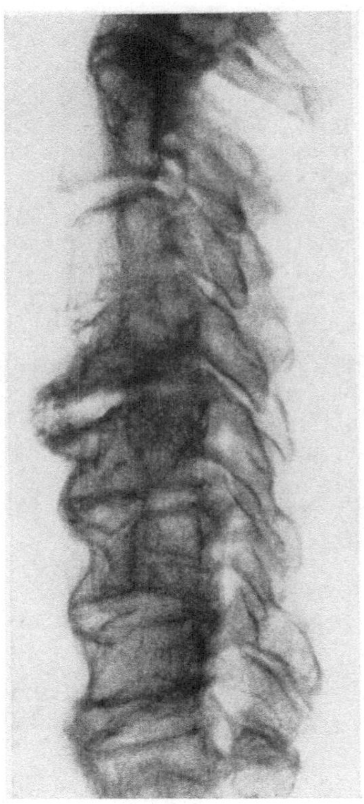

Abb. 91

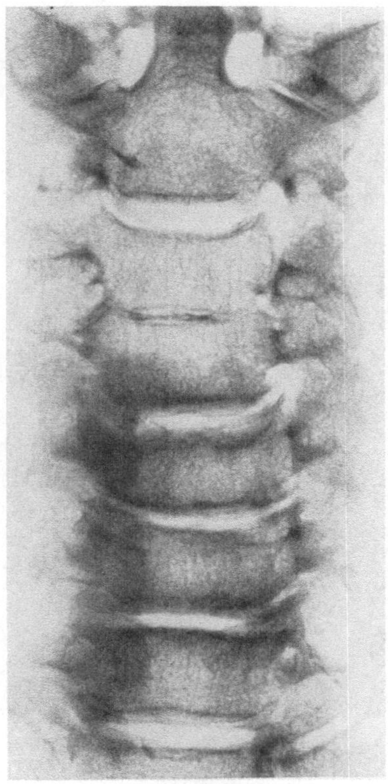

Abb. 92

Abb. 91 u. 92. Röntgenbilder von Halswirbelsäulen mit peripherer knöcherner Ankylosierung

Abb. 91. Das Seitenbild stammt von einer 87jährigen Frau: leicht kyphotische Haltung, stärkste Bandscheibenverschmälerung, Deckplattensklerose und zu überbrückenden Spangen verwachsene ventrale Randwülste. Arthrose der kleinen Wirbelgelenke

Abb. 92. a.p.-Bild der Halswirbelsäule einer erst 57jährigen Frau: Eingeschlossener Bandscheibenrest in der zweiten Bandscheibe $C_{3/4}$. Tellerformen bei den unteren Segmenten

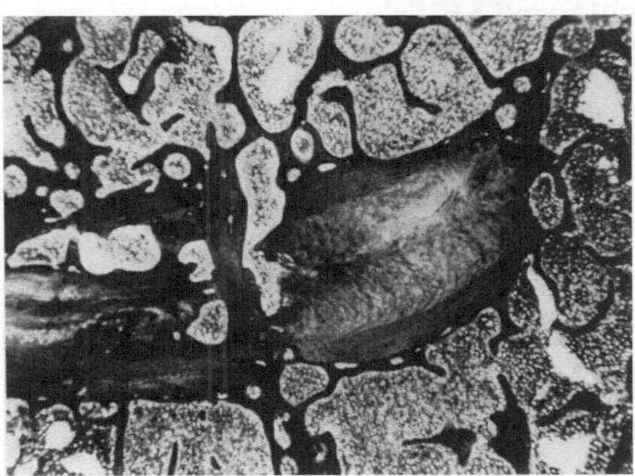

Abb. 93. Auflösung der im Inneren gefangenen Bandscheibenreste. Diese werden von Spongiosa durchwachsen und verschwinden. (81jährige Frau)

es ist ein Gleichgewicht eingetreten. Die übermäßigen Zerrungen und Zermalmungen hören auf. Das Baumaterial wird nicht mehr überbeansprucht, es

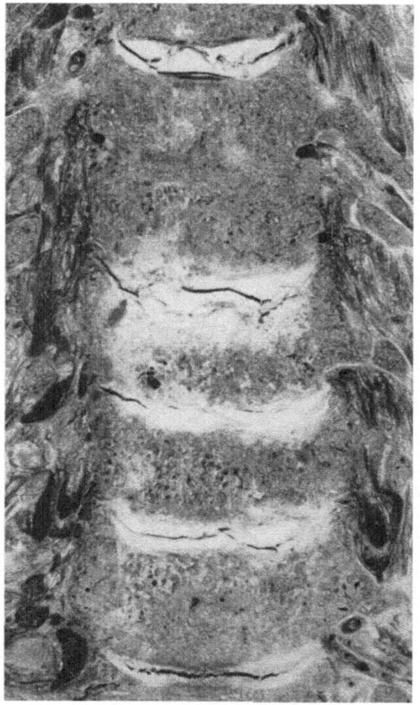

Abb. 94

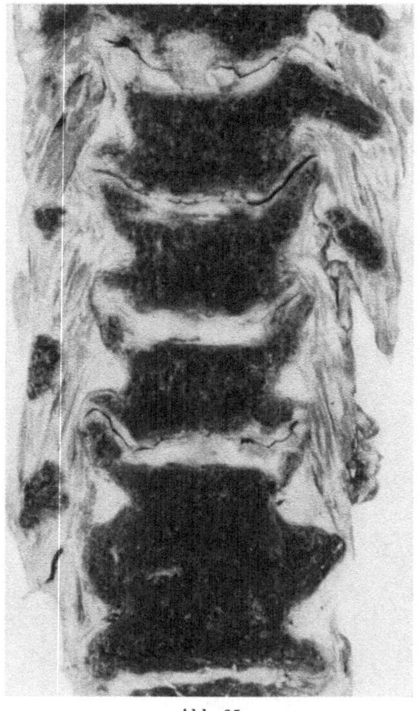

Abb. 95

Abb. 94. Halswirbelsäule einer 57jährigen Frau. Vollständige Blockwirbelbildung bei $C_{3/4}$. Bei den übrigen Bandscheiben starke Zermürbung und Deckplattensklerose

Abb. 95. Halswirbelsäule eines 78jährigen Mannes. Blockwirbelbildung bei $C_{6/7}$. Man sieht den glatten, stufenlosen Übergang von Wirbelkörper zu Wirbelkörper. Die verwachsenen Processus uncinati und Gegenpole springen als einheitliche, breite Ausladungen nach der Seite vor

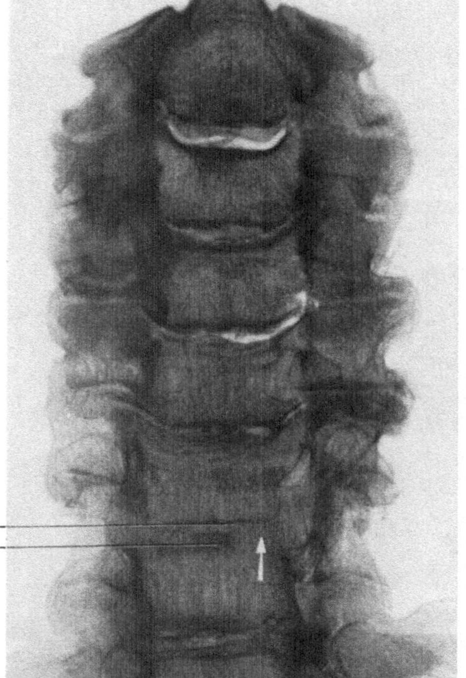

Abb. 96

Abb. 96. a.p.-Aufnahme der Halswirbelsäule in Abb. 95. Sie stammt von einem 78jährigen Mann. Die knöchernen Deckplatten sind im Inneren der ankylosierten Bandscheibe noch zu erkennen (*Dpl*), die übergangslos durchlaufende Spongiosa läßt sich auf der rechten Seite (Pfeil) aber gut verfolgen

kann deshalb auf ein Minimum reduziert werden: Osteophyten, Randzacken und Sklerosierungen, die alle als Hilfsstrukturen aufzufassen sind, bilden sich zurück. Besonders das Kleinerwerden der uncovertebralen Exostosen und der Randzacken der kleinen Wirbelgelenke, die beide stark gegen den Zwischenwirbelkanal vorspringen und diesen einengen, kann sich klinisch günstig auswirken. Wenn nicht mehrere aufeinanderfolgende Bandscheiben von der Zerstörung und Verklammerung erfaßt werden, sondern noch einige bewegliche Bewegungssegmente erhalten bleiben, so ist der funktionelle Ausfall kaum spürbar.

Die Blockwirbelbildung kann also durch „Ausmerzen" des kranken Elementes Bandscheibe nicht nur anatomisch zu einem neuen Gleichgewicht führen, sondern in vielen Fällen auch klinische Heilung bringen.

Diskussion und Zusammenfassung

Von Altersveränderungen der Halswirbelsäule spricht man nicht erst im vorgeschrittenen Alter oder sogar erst dann, wenn röntgenologische oder klinische Symptome auftreten. Vielmehr sind die „Keime" der beginnenden Alterung schon recht früh zu finden, in einem Alter, in welchem man gemeinhin noch keineswegs von Alterung zu sprechen gewohnt ist. Die Ursachen, welche die Alterungsprozesse bedingen und vorbereiten, sind sogar schon im frühen Kindesalter zu suchen.

Wenn wir also nicht ratlos vor den fertigen Veränderungen, die uns bei der greisen Halswirbelsäule begegnen, stehen wollen, so müssen wir uns mit dem Ablauf der Alterungsprozesse und nicht erst mit ihren Endstadien befassen. Die Aufgabe unserer ausgedehnten Untersuchungen bestand deshalb darin, die charakteristische „Lebenskurve" der Halswirbelsäule zu erfassen und sie zu beschreiben, so wie sie sich ergibt, wenn man von allem individuell Besonderen und Zufälligen abstrahiert.

Bei der Durchsicht der in den letzten Jahren stark angewachsenen Literatur über die Wirbelsäulenpathologie fällt auf, welch große Bedeutung den regressiven Vorgängen und damit auch den Altersveränderungen vor allem der *Bandscheibe* beigemessen wird. Die Bandscheibe steht bei diesen Prozessen offenbar im Vordergrund. Alle anderen Strukturen, insbesondere auch die röntgenpositiven, werden erst sekundär in Mitleidenschaft gezogen. Die meisten dieser Arbeiten (SCHMORL, JUNGHANNS, TÖNDURY, BOEHMIG, UEBERMUTH und GUENTZ), die sich mit dem Verhalten der Bandscheiben im Laufe des Lebens befassen, sind in allgemeiner, für die gesamte Wirbelsäule gültiger Form gehalten. Es fehlen hingegen ausführliche Arbeiten, die den speziellen Verhältnissen der Halswirbelsäule Rechnung tragen. LUSCHKA beschrieb (1858) die „Seitengelenke" der Halswirbelsäule und berücksichtigte damit nur die Verhältnisse beim Erwachsenen mittleren Alters. RATHCKE fand (1933) an Stelle der Gelenke beim 20jährigen nur seitliche Spalten, während TÖNDURY (1943) anhand von Präparaten von 9jährigen beweisen konnte, daß es sich bei diesen seitlichen Spalten in Wirklichkeit um Risse handelt. Diese sog. Uncovertebralspalten geben der Halswirbelsäule ihr besonderes Gepräge.

Für uns handelte es sich besonders darum, die Lebenskurve der *Halsbandscheibe* zur Darstellung zu bringen, wobei der Entwicklung der Uncovertebralregion mit den seitlichen Spaltbildungen besondere Beachtung geschenkt wurde.

Im weiteren galt es, in stetem Vergleich mit anderen Wirbelsäulenabschnitten zu untersuchen, wieweit die Halswirbelsäule den allgemeingültigen Gesetzen der Wirbelsäulenalterung folgt. Infolge ihrer speziellen Strukturen war anzunehmen, daß der Ablauf der Alterungsprozesse Besonderheiten zeigt, welche ihre detaillierte Darstellung rechtfertigen.

Von klinischer Seite ist die Halswirbelsäule öfters zum Gegenstand eingehender Untersuchungen gemacht worden (Baertschi-Rochaix, Krogdahl und Torgersen, Barsony und Koppenstein, Exner, Buetti, Liechti). Da dem Kliniker die Halswirbelsäule nur indirekt zugänglich ist, muß das Röntgenbild die unmittelbare Betrachtung des zugrunde liegenden pathologisch-anatomischen Befundes ersetzen. Hier soll unsere Arbeit eine Lücke füllen, indem sie dem Kliniker und Röntgenologen ermöglicht, durch Vergleich des Röntgenbildes mit dem dazugehörigen Präparat eine Vorstellung von den tatsächlichen anatomischen Veränderungen zu gewinnen. Gerade bei diesem vergleichenden Vorgehen fällt auf, wie weit Altersveränderungen fortschreiten können, ohne röntgenologisch sichtbar zu werden. Es ist deshalb nicht verwunderlich, daß die Röntgenologen neuerdings versucht haben, durch „funktionelle" Diagnostik der Halswirbelsäule (Buetti) diese „Latenzzeit" zu verkürzen.

In den allerersten Entwicklungsstadien zeigt die Halswirbelsäule keinerlei Besonderheiten. Sie folgt in ihrer Entwicklung den Grundsätzen, die für die gesamte Wirbelsäule ihre Gültigkeit haben. Erst im Stadium von 12 cm SSL (vgl. Abb. 5, S. 8) sind uns seitliche Ausladungen der knorpeligen Wirbelkörper aufgefallen, die als Anlagen der Processus uncinati zum Wirbelbogen gehören und daher in späteren Stadien (vgl. Abb. 13, 15 und 18) eine vom Wirbelkörper getrennte Verknöcherung durchmachen.

Ungefähr um das neunte Lebensjahr herum beginnen sich die Processus uncinati aufzurichten (Rathcke) — vgl. Abb. 18 — und bilden am Ende der Wachstumsperiode steile, schaufelartige Knochenkämme, die organisch mit den seitlichen Teilen des Wirbelkörpers verwachsen sind (Abb. 16). Fast gleichzeitig mit der Aufrichtung der Processus uncinati treten Risse in den seitlichen Teilen der Bandscheiben auf. Töndury (1943) hat diese Vorgänge in den Bandscheiben beim 9jährigen beschrieben und damit die von Luschka postulierten „seitlichen Halbgelenke" endgültig in Abrede gestellt. Auf S. 22ff. haben wir die Entstehung dieser für das weitere Verhalten der Halswirbelsäule entscheidenden Risse — z. T. unter Benützung von Präparaten und Abbildungen Töndurys — ausführlich beschrieben.

Konstitutionelle Unterschiede machen sich durch zeitliche Schwankungen im Auftreten dieser Risse bemerkbar: Töndury fand sie erstmals beim 9jährigen, Rathcke beschreibt sie beim 20jährigen, und in Abb. 16 haben wir die Halswirbelsäule eines 20jährigen Mannes gezeigt, bei welcher die seitlichen Spalten noch völlig fehlen.

Wir haben der Vermutung Ausdruck gegeben, daß die Entstehung dieser seitlichen Spalten in den Halsbandscheiben mit den Processus uncinati in Zusammenhang stehe. Dafür sprechen folgende Argumente:

1. Das erste Auftreten der Spalten fällt ungefähr mit der Aufrichtung der Processus uncinati zusammen.

2. Die seitlichen Spalten erreichen nur in den oberen 2—3 Bandscheiben ihre volle Ausbildung. Der 3., 4. und 5. Halswirbel besitzen besonders lange und steil gestellte Processus uncinati, während diejenigen des 6. und 7. Halswirbels weniger deutlich ausgebildet sind. Hier fehlen auch die Spalten in den Zwischenwirbelscheiben oder treten erst spät und nur andeutungsweise in Erscheinung.

3. Sehr selten besitzt der erste Brustwirbelkörper Processus uncinati. In diesem Falle treten auch in der Bandscheibe C_7/Th_1 seitliche Spalten auf, die bei fehlenden Processus uncinati nie gesehen werden.

Der Vergleich dieser schon bei jugendlichen Individuen auftretenden Spaltbildungen in den Halsbandscheiben mit Rissen in Bandscheiben anderer Wirbelsäulenregionen — etwa der Lendenregion — zeigt das Bestehen wesentlicher Unterschiede. Vor allem muß betont werden, daß die Risse in den Halsbandscheiben in *gesundem,* vitalem Gewebe entstehen, das weder Zeichen degenerativer Veränderungen an den Zellen, noch involutiver Vorgänge an der Interzellularsubstanz erkennen läßt. In Abb. 23 lassen sich gesunde Faserknorpelzellen bis an den Rand der Rißoberfläche verfolgen. Es handelt sich bei diesen Prozessen nicht um „degenerative“ Vorgänge, sondern um eine Anpassung an die Funktion der Halswirbelsäule — etwa im Sinne erhöhter Beweglichkeit —, worauf TÖNDURY mehrmals ausdrücklich hingewiesen hat. Ein Vergleich mit dem Verhalten der Lendenbandscheiben läßt ohne Mühe erkennen, daß hier Rißbildungen nicht in jugendlich-vitalen Faserlamellen, sondern in alterndem, involutiv stark geschädigtem Gewebe entstehen. Die Uncovertebralspalten sind sichelförmig, treten an bestimmter Stelle des seitlichen Umfanges der Zwischenwirbelscheiben auf und schreiten später konzentrisch gegen das Bandscheibeninnere vor, während Risse im Lendenbereich meist radiär gestellt sind. Besonders charakteristisch erscheint uns aber folgender Unterschied: Die Uncovertebralspalten halten sich genau in Bandscheibenmitte, so daß die Zwischenwirbelscheiben im Extremfall horizontal in zwei Hälften zerlegt sind. Umgekehrt finden wir im Lendenbereich die Kontinuitätsunterbrüche nicht im Innern des Bandscheibengefüges, sondern oben und unten längs den Knorpelplatten. TÖNDURY hat dieses Verhalten am Beispiel der Dackelbandscheibe (1953) beschrieben und erklärt es durch Vergleich der Lamellenfasern mit in einer Wand festgemauerten Drähten, die an der Fixationsstelle reißen (vgl. S. 27).

Die großen äußeren Unterschiede im Verhalten von Hals- und Lendenbandscheiben deuten auf unterschiedliche Entstehungsbedingungen, aber auch auf die unterschiedliche funktionelle Bedeutung hin. Spaltbildungen in Bandscheiben verschiedener Abschnitte der Wirbelsäule können also nur „cum grano salis“ miteinander verglichen werden.

Solange keine seitlichen Spalten bestehen, liegt der Processus uncinatus, als Teil des Wirbelbogens, außerhalb der Bandscheibe und ragt frei in das paravertebrale Gewebe. Der Randleistenanulus zieht — als peripherster Teil der Bandscheibe — medial an ihm vorbei (RATHCKE).

Die Verhältnisse ändern sich mit dem Auftreten der Uncovertebralspalten. Die gerissenen Lamellen neigen sich nach außen; sie werden von einer scheinbar „von innen nach außen gerichteten Strömung“ (TÖNDURY) gewissermaßen mitgenommen und seitlich niedergelegt. Die Bandscheibe wird dadurch nach der Seite bedeutend verbreitert. Processus uncinatus und Gegenpol erhalten beide einen mehrschichtigen, sehnig-faserknorpeligen Belag, der aus den nach lateral niedergelegten Lamellen besteht, und werden dadurch in den Bereich der Bandscheiben einbezogen. Die Entstehung des Faserknorpelbelages läßt sich in den Abb. 27 und 28 schön verfolgen.

Unserer Darstellung steht diejenige LUSCHKAs aus dem Jahre 1857 gegenüber. Nach seiner Auffassung liegen die seitlichen Spalten, die er als Halbgelenke bezeichnet, außerhalb der Bandscheibe. Diese läßt er erst medial vom Spaltende beginnen. Den Faserknorpelbelag auf dem Processus uncinatus und der „Gelenkfazette" — wie er den Gegenpol nennt — hat auch er gefunden, hält ihn aber für die unmittelbare „faserknorpelige Fortsetzung der hyalinen Knorpelendplatte".

Der Irrtum LUSCHKAs wird um so begreiflicher, je mehr wir die Uncovertebralregion sich zu einer sehr gelenkähnlichen Struktur umbilden sehen: Anfänglich ist die Oberfläche der seitlichen Risse rauh; Lamellenfragmente hängen als „blattartige Fortsätze" (LUSCHKA), einzelne Fasern als „korkzieherartig gewundene Gebilde" (TÖNDURY) ins Lumen hinein. Durch kolbige Auftreibung der Lamellenstümpfe (Abb. 30), die sich wie Haare eines nassen Pinsels eng aneinander fügen, wird eine geschlossene, sauber konturierte Gleitfläche erzielt (Abb. 29). Der Faserknorpelbelag, der aus den seitlich niedergelegten Lamellen entsteht, macht wohl unter dem Einfluß der funktionellen Belastung, eine Art „Metaplasie" zu hyalinem Gelenkknorpel durch (S. 31). Zur Gelenkähnlichkeit trägt weiterhin das Vorwachsen eines „meniskusartigen" Keils aus dem paravertebralen Gewebe in den „Gelenkspalt" bei. Bandverbindungen zwischen Processus uncinatus und Gegenpol, die das Ganze „gelenkkapselartig" nach außen abschließen, vervollständigen die Gelenkähnlichkeit, welche wohl kaum zufällig, sondern als morphologischer Ausdruck der Gelenkfunktion dieser Strukturen aufzufassen ist. In der Tat kann man sich unschwer vorstellen, wie bei „Rollbewegungen" der Halswirbelsäule, bei denen die Wirbelkörper nicht nur gekippt, sondern gegeneinander verschoben werden, in diesen „Gelenken" ein „Gleiten" stattfindet. Die sagittal gestellten, knorpelüberzogenen Processus uncinati sind als Führungsschienen solcher Bewegungen gut geeignet.

Die Ausgestaltung der seitlichen Bandscheibenanteile zu gelenkähnlichem Bau stellt aber nicht einen abschließenden Differenzierungsvorgang dar. Die Risse dehnen sich vielmehr zentralwärts aus und vereinigen sich zu queren, die ganze Bandscheibe durchsetzenden Spalten (Abb. 34, S. 35). Die vollkommene Durchtrennung der Bandscheiben hat verschiedene Konsequenzen: Der Riß stellt vor allem eine Kommunikation zwischen Gallertkernhöhle und paravertebralem Raum her und kann zu Austritt und Verlust von Gallertkerngewebe führen. Solche Nucleusprolapse mit ihren Beziehungen zum Intervertebralkanal und seinem Inhalt (N. spinalis, A. und N. vertebralis) haben wir in den Abb. 36 und 37 gezeigt. Eine unmittelbare Folge der Verlagerung des Nucleus pulposus ist der Spannungsverlust im Bandscheibengefüge, der, zusammen mit der Rißbildung in den Lamellen, zu einer starken Lockerung im Bewegungssegment führt. Infolge dieser Lockerung und freieren Beweglichkeit macht die Zermürbung der Bandscheibe nun rasch Fortschritte, so daß bald sekundäre Veränderungen am Knochen in Erscheinung treten, wie wir sie auf S. 36 und im

Röntgenbild Abb. 39a und b als „Kochtopfform" und „Guentzsches Zeichen" kennengelernt haben.

Die Altersveränderungen an der Halswirbelsäule sind nicht bei allen Bandscheiben gleich. Die Prozesse verlaufen in den oberen Bandscheiben anders als in den unteren. Auf S. 38ff. haben wir deshalb das Verhalten der oberen demjenigen der unteren gegenübergestellt und dabei gesehen, daß die seitlichen Spalten in den oberen Bandscheiben deutlich ausgeprägt sind und frühzeitig entstehen, während solche in den unteren lange Zeit oder dauernd fehlen können. Auch wenn die oberen Zwischenwirbelscheiben schließlich transversal durchgespalten werden, bewahren sie ein gutes Aussehen (hoch, weiß, kompakt). Dementsprechend sind auch im Röntgenbild keinerlei Veränderungen zu erwarten. Im Gegensatz dazu können die seitlichen Spalten in den unteren Bandscheiben fehlen, dafür finden wir hier ein weit verzweigtes, konfluierendes Spaltensystem im Innern. Wir haben ähnliche Verhältnisse vor uns, wie wir sie sonst in anderen Wirbelsäulenabschnitten zu sehen gewohnt sind.

Die Involution ist also im unteren Teil der Halswirbelsäule viel weiter gediehen als im oberen, und die positiven Röntgenbefunde überraschen uns deshalb nicht (Abb. 43, S. 40). Die Altersveränderungen in den unteren Bandscheiben sind im „Vorsprung", und der Abstand vergrößert sich mit zunehmendem Alter immer mehr. Dieser Vorsprung wird in der Literatur überall mit der großen Beweglichkeit in den unteren Segmenten und der damit verbundenen Materialüberbeanspruchung in Zusammenhang gebracht.

Es ist aber auffallend, wie gut erhalten auch die unteren Bandscheiben trotz vorgeschrittenem Alter bleiben können, wenn sie ausnahmsweise seitliche oder gar durchgehende glatte Spalten aufweisen (s. unser Beispiel Abb. 44). Man gewinnt also den Eindruck, daß sich frühzeitige Entstehung seitlicher oder durchgehender Spalten mit glatter Oberflächenbegrenzung auf die Bandscheibe schonend auswirkt. Die „Gleitbewegungen", die man sich in den glatten „Gelenkbildungen" unschwer vorstellen kann, verursachen offenbar nur geringen Materialverschleiß.

Die eigentlichen Zermalmungsprozesse verlaufen in den oberen Bandscheiben langsamer und monotoner als in den unteren. Hier sind die Prozesse viel imposanter und eindrücklicher; gelegentlich können groteske Bilder zur Beobachtung gelangen. Die Zermürbungsvorgänge, die bis zum völligen Schwund der Bandscheiben führen, haben wir deshalb auf S. 45ff. am Beispiel der unteren Bandscheiben besprochen. Sie unterscheiden sich nicht grundsätzlich von denjenigen anderer Wirbelsäulenabschnitte, wie sie in der Literatur (SCHMORL, JUNGHANNS, TÖNDURY) in allgemeiner Form mehrfach dargestellt worden sind.

Im Verlaufe der fortschreitenden Altersinvolution kommt der *Uncovertebral*-Region eine besondere Bedeutung zu. Infolge der durch Zermürbung der Zwischenwirbelscheiben bedingten zunehmenden Verschmälerung der Intervertebralregion nähern sich die Wirbelkörper mehr und mehr und treten schließlich zuerst im Uncovertebralbereich in unmittelbaren Kontakt miteinander. Der obere Wirbelkörper stützt sich auf den unteren auf, die Uncovertebralregion übernimmt die Tragfunktion der insuffizienten Bandscheibe und wird in ein tragfähiges „Stützorgan" umgebaut: S. 51 haben wir gezeigt, wie Processus uncinatus und Gegenpol durch die Apposition von Spongiosabälkchen zu tragfähigen, von Knorpel überzogenen Gelenkfacetten umgebaut werden. Die Processus uncinati nehmen mehr und mehr die Form eines Kuhhornes an. Die Spongiosabälkchen lassen in ihrer Anordnung häufig ein sinnvolles statisches Prinzip erkennen.

Mit zunehmender Insuffizienz der Bandscheibe nimmt die Belastung und Überbelastung der seitlichen ,,Nearthrose" zu. In der Folge auftretende deformierende, degenerative Veränderungen überraschen uns deshalb nicht. Die Autoren (Trolard, Krogdahl und Torgersen, Giraudi), die mit Luschka die Auffassung der Seitengelenke vertreten, bezeichnen sie als ,,Arthrosis uncovertebralis", die anderen Autoren (Rathcke u. a.), die den Gelenkcharakter verneinen, sprechen von einer Teilerscheinung der generalisierten ,,Spondylosis deformans". Ungeachtet dieser Streitfrage können wir Veränderungen beobachten, wie sie bei degenerativen Erkrankungen echter Gelenke vorkommen: Usuren im Knorpelbelag, Auswachsen von Randzacken, Abflachung des Gelenkspaltes und Sklerose (S. 52, Abb. 57—60). Die weit ausladenden Osteophyten ragen nach dorsolateral in den Intervertebralkanal vor und treten mit dessen Inhalt in Beziehung.

Im seitlichen Röntgenbild von Fällen mit ausgeprägten uncovertebralen Osteophyten sind häufig ,,dorsale Randzacken" zu sehen (Abb. 62). Nach Krogdahl und Torgersen existieren solche an der Halswirbelsäule aber ebensowenig wie an der übrigen Wirbelsäule. Vielmehr handle es sich dabei um ,,hintere, laterale Exostosen", die sie, in Anerkennung des Gelenkcharakters der seitlichen Spalten, auf die ,,Arthrosis deformans uncovertebralis" zurückführen. Diese Exostosen projizieren sich auf den Schrägaufnahmen in den Intervertebralkanal hinein, den sie als lippenförmige Vorsprünge einengen (vgl. Abb. 63, S. 55).

Wenn die Belastung im uncovertebralen ,,Stützgelenk" übergroß wird, so weichen die Processus uncinati dem Druck seitlich aus. Sie geraten dabei in eine statisch ungünstige Schräglage (Baertschi), die sie durch starke umschriebene Sklerosierung wettzumachen suchen (Abb. 65, 66). In Extremfällen werden die Processus uncinati völlig flach niedergelegt (Rathcke), so daß ein Zustand resultiert, der dem fetalen und frühkindlichen sehr ähnlich ist (noch nicht aufgerichtete Processus uncinati). In solchen Stadien ist die Uncovertebralregion für die Abstützung nicht mehr allein verantwortlich. Die Tragaufgabe wird von den zentralen Teilen der Wirbelkörperendplatten übernommen, die jetzt ausgedehnten knöchernen Kontakt haben. Die starke Sklerosierung im Zentrum der Deckplatte ist der äußere Ausdruck dafür.

Für das Ingangkommen der Reparationsvorgänge müssen zwei Vorbedingungen erfüllt sein:

1. Die Knorpelplatte muß als Schutzschicht zwischen Wirbelkörper und Bandscheibe in ihrer Kontinuität geschädigt sein. Unsere Abb. 73—75 zeigen, wie die Knorpelplatte von Wirbelkörper- und Bandscheibenseite her geschwächt werden kann, um schließlich zu bersten und einwachsendem Gefäßbindegewebe den Weg freizugeben.

2. Auf S. 59 haben wir dargetan, daß Gefäßbindegewebe offenbar nur dann in den Bandscheibenraum einwachsen kann, wenn noch Reste von Bandscheiben-

gewebe vorhanden sind. Ist die Bandscheibe einmal völlig durchgescheuert, so daß die knöchernen Endplatten aufeinander reiben (Abb. 72), so ist es zur Organisation zu spät; die Blutgefäße können zwischen den nackten, meist sklerosierten Wirbelendplatten nirgends haften und ,,Wurzel fassen“. Zu ihrer Ausbreitung bedürfen die zarten Gefäßbäumchen aber eines ,,Mediums“, das sie schützend aufnimmt. Dieses Medium wird von wucherndem, hyalinem und faserigem Knorpel gebildet, der aus Überresten von Knorpelplatten und faserknorpeligen Lamellenfragmenten hervorgeht.

In den Abb. 78—82, S. 62ff. sind solche bald mehr hyalinen, bald mehr faserigen Knorpelwucherungen zu sehen. Diese bilden schließlich eine Art faserknorpelige, völlig gefäßlose Scheibe, die den gesamten Bandscheibenraum ausfüllen kann und zu einer ,,faserknorpeligen Ankylosierung“ des Bewegungssegmentes führt. Über diese massiven Knorpelwucherungen, die mit großer Regelmäßigkeit angetroffen werden, sind in der Literatur merkwürdigerweise keine Angaben zu finden.

Wenn die Knorpelplatten Defekte aufweisen oder überhaupt verschwunden sind und der wuchernde Knorpel im Innern des Bandscheibenraumes den ,,Boden“ für die Gefäßsprosse vorbereitet hat, kann die Organisation beginnen: Die Gefäßbäumchen wachsen herdförmig ein, mit Vorliebe an Stellen, wo Uebermuth und Guentz zentrale und periphere Degenerationsfelder beschrieben haben. Im Intervertebralraum breiten sie sich aus und durchwachsen ihn schließlich vollständig. Sie bleiben stets vom Faserknorpelgewebe, das sie abbauen und auflösen, scharf getrennt. Guentz beschreibt einen ,,faserzerstörenden Zellwall“ an der Oberfläche des sich ausbreitenden Gefäßkonvolutes. Bei großem Gefäßreichtum spricht man von ,,Vascularisation“ der Bandscheibe. Später schwinden die Gefäße zugunsten von fibrösem Gewebe; es entsteht graues, fibröses Narbengewebe (Abb. 86). Es kommt dadurch unter Umständen zu einer ,,fibrösen Ankylose“.

Wenn das Gefäßbindegewebe aus den Markräumen Osteoblasten mitführt, so kommt es zu Spongiosabildung im Inneren des Bandscheibenraumes. Warum es einmal zur Fibrose, einmal zur Spongiosierung kommt, ist nicht ersichtlich (Guentz); beide Vorgänge können nebeneinander an der gleichen Bandscheibe vorkommen (Abb. 87).

Auch bei der Spongiosierung werden durch die Gefäße scharfbegrenzte, ,,lakunenartige“ Nischen in den Faserknorpel vorgetrieben und von Knochen ausgekleidet. Durch Apposition von neuen Spongiosabälkchen breitet sich diese aus, verbindet schließlich zwei Nachbarwirbel miteinander und führt damit zur Blockwirbelbildung. Diese Vorgänge sind auf S. 67ff. eingehend geschildert.

Das Endziel ist, bei der Halswirbelsäule ebenso wie bei der übrigen Wirbelsäule, die Ruhigstellung des geschädigten Bewegungssegmentes, indem die kranke Bandscheibe einfach ausgemerzt wird. Die Hilfsstrukturen, wie arthrotische und spondylotische Zacken, Sklerosen usw., welche die mangelnde Tragleistung der Bandscheibe notdürftig haben aufrechterhalten müssen, können jetzt rückgebildet werden. Der neue Blockwirbel stellt ein tragfähiges, statisch einheitliches Gebilde dar. Es ist zu einer Art anatomischer ,,Heilung“ gekommen.

Literatur

Baertschi-Rochaix, W.: Migraine cervicale. Bern: Hans Huber 1949.

Barsony, T., u. E. Koppenstein: Calcinosis intervertebralis. Fortschr. Röntgenstr. **41**, 211ff. (1930).

Boehmig, R.: Die Degeneration der Wirbelbandscheibe und ihre Bedeutung für die Klinik. Münch. med. Wschr. **1929**, 1318.

— Die Blutgefäßversorgung der Wirbelbandscheibe, das Verhalten des Intervertebralen Chordasegmentes und deren Bedeutung für die Bandscheibendegeneration. Langenbecks Arch. klin. Chir. **158**, 374—424 (1930).

Buetti-Baeumle, C.: Funktionelle Röntgendiagnostik der Halswirbelsäule. Stuttgart: Georg Thieme 1954.

Debrunner, H.: Lumbalgien. Bern: Hans Huber 1945.

Dietrich, H.: Klinische Beobachtung über Knorpelknötchen der Wirbelsäule. Grenzgeb. Med. u. Chir. **42**, 578—585 (1930).

— Die Schmorlschen Knötchen der Wirbelsäule. Münch. med. Wsch. **1931**, 1320.

Epp, W.: Spondylosis deformans der Halswirbelsäule. Diss. Zürich 1950.

Eugster, J.: Spondylosis deformans der Brust- und Lendenregion. Diss. Zürich 1952.

Exner, G.: Die Halswirbelsäule. Stuttgart: Georg Thieme 1954.

Fick, R.: Handbuch der Anatomie und Mechanik der Gelenke, Bd. 2. Jena 1904.

Francis, C.: Certain changes in the aged white male cervical spine. Anat. Rec. **125**, 783—787 (1956).

Giraudi, G.: L'artrosi deformante uncovertebrale. Radiol. med. (Torino) **18** (1931).

Goecke, C.: Beiträge zur Druckfestigkeit des spongiösen Knochens. Bruns' Beitr. klin. Chir. **143**, 539—566 (1928).

Guentz, E.: Versteifung der Wirbelsäule durch Fibrose der Zwischenwirbelscheibe. Grenzgeb. Med. u. Chir. **42**, 490—508 (1930).

— Gelbe und braune Verfärbung der Zwischenwirbelscheibe. Dtsch. Z. Chir. **254**, 633—648 (1941).

Haglund, F.: Die Bedeutung der cervicalen Diskusdegeneration für die Entstehung der Verengerung der Foramina intervertebralia. Acta radiol. (Stockh.) **23**, 568—579 (1942).

Hauser, H. G.: A pathologic-anatomical study on disc-degeneration in dog. Acta orthop. scand. 1952, Suppl. 11.

Held, H. J.: Zur Frage der Zwischenwirbelscheibenverkalkung. Dtsch. Z. Chir. **242**, 675 bis 683 (1934).

Hildebrandt, A.: Osteochondrose im Bereich der Wirbelsäule. Fortschr. Röntgenstr. **47**, 551—579 (1933).

Janker, R.: Die Epiphysen der Wirbelkörper und ihre Veränderungen. „Persistierende Wirbelkörperepiphysen". Fortschr. Röntgenstr. **41**, 597—606 (1930).

Junghanns, H.: Gibt es persistierende „Wirbelkörperepiphysen"? Fortschr. Röntgenstr. **42**, 704—714 (1930).

— Die Alterskyphose. Langenbecks Arch. klin. Chir. **166**, 106—119 (1931).

— Die Altersveränderungen der menschlichen Wirbelsäule. Langenbecks Arch. klin. Chir. **166**, 120—135 (1931).

— Die Zwischenwirbelscheibe im Röntgenbild. Fortschr. Röntgenstr. **43**, 275—304 (1931).

— Handbuch der speziellen pathologischen Anatomie (Hencke-Lubarsch), Bd. 9, Teil 4, S. 341ff. 1939.

— Die Halbgelenke. In: Pathologisch-physiologische Grundlagen der Chirurgie, Bd. 1, S. 65 bis 67. 1939.

— Die funktionelle Pathologie der Zwischenwirbelscheibe als Grundlage für klinische Betrachtungen. Langenbecks Arch. klin. Chir. **267**, 393—417 (1951).

Krogdahl, T., u. O. Torgersen: Uncovertebral-Gelenk und Arthrosis deformans uncovertebralis. Acta radiol. (Stockh.) **21**, 231ff. (1940).

Laederer, R.: La dégénérescence juvénile du disque intervertébral. Z. Path. Bakt. **11**, 590—597 (1948).

Landolt, F.: Beitrag zur Kenntnis der Entwicklung der Zwischenwirbellöcher und ihres Inhaltes. Diss. Zürich 1947.

Larcher, F.: Beitrag zur Entwicklung der Lendenwirbelsäule. Diss. Zürich 1947.

LUSCHKA, H.: Die Halbgelenke des menschlichen Körpers. Berlin: Reimer 1858.

OBER, G.: Spondylosis deformans der Halswirbelsäule. Dtsch. Z. Chir. **246**, 666—684 (1936).

PRADER, A.: Beitrag zur Kenntnis der Entwicklung der Chorda dorsalis beim Menschen. Rev. suisse Zool. **52**, Nr 27 (1945).

— Frühembryonale Entwicklung der menschlichen Zwischenwirbelscheibe. Acta anat. (Basel), sep. vol. **3**, 68—83 (1947).

— Entwicklung der Zwischenwirbelscheibe beim menschlichen Keimling. Acta anat. (Basel), sep. vol. **3**, 115—152 (1947).

RATHCKE, L.: Zur normalen und pathologischen Anatomie der Halswirbelsäule. Dtsch. Z. Chir. **242**, 122—137 (1933).

SCHIEDT, E.: Beitrag zur Ossifikation der Wirbelsäule. Dtsch. Z. Chir. **280**, 241—260 (1955).

SCHINZ, H. R., u. G. TÖNDURY: Zur Entwicklung der menschlichen Wirbelsäule. Frühossifikation der Wirbelkörper. Fortschr. Röntgenstr. **66**, 253—289 (1942).

SCHMORL, G., u. H. JUNGHANNS: Die gesunde und kranke Wirbelsäule in Röntgenbild und Klinik. Leipzig: Georg Thieme 1932.

SCHINZ-FRIEDL-BENSCH: Lehrbuch der Röntgendiagnostik. 1952.

SCHWABE, R.: Rückbildung der Bandscheiben im menschlichen Kreuzbein. Virchows Arch. path. Anat. **287**, 651—713 (1933).

THEILER, K.: Blockwirbelbildung bei Defekten des hintern Körperendes. Arch. Klaus-Stift. Vererb.-Forsch. **25**, 343—373 (1950).

TÖNDURY, G.: Beitrag zur Kenntnis der kleinen Wirbelgelenke. Z. Anat. Entwickl.-Gesch. **110**, 568—575 (1940).

— Zur Anatomie der Halswirbelsäule. Gibt es Uncovertebral-Gelenke? Z. Anat. Entwickl.-Gesch. **112**, 448—459 (1943).

— Zur Anatomie der Wirbelsäule. Entwicklung, Bau und Altersveränderungen der Zwischenwirbelscheibe. Jkurse ärztl. Fortbild. **35**, H. 1 (1944).

— Zur Entwicklung funktioneller Strukturen im Bereich der Zwischenwirbelscheibe. Schweiz. med. Wschr. **77**, 643ff. (1947).

— Neuere Ergebnisse über die Entwicklungsphysiologie der Wirbelsäule. Arch. orthop. Unfall-Chir. **45**, 313—322 (1952).

— Über die Diskushernie beim Dackel. Z. Orthop. **83**, 184—201 (1953).

— Zur Anatomie und Entwicklungsgeschichte der Wirbelsäule mit besonderer Berücksichtigung der Altersveränderungen der Bandscheiben. Schweiz. med. Wschr. **85**, 35, 825ff. (1955).

— Sulla struttura dei dischi intervertebrali in varia età. Romagna med. 8, 4 (1956).

— Entwicklungsgeschichte und Fehlbildungen der Wirbelsäule. Stuttgart: Hippokrates Verlag 1958.

UEBERMUTH, H.: Bedeutung der Altersveränderung der menschlichen Bandscheiben für die Pathologie der Wirbelsäule. Langenbecks Arch. klin. Chir. **156**, 567—578 (1929).

ZOLOTUCHIN, A.: Die Blutversorgung der menschlichen Wirbelsäule. Ref. Zentr.-Org. ges. Chir. **55**, 339 (1931).